KO!
再见，焦虑症！

[日] 食梦貘 / 著

徐萌 / 译

中国出版集团　现代出版社

版权登记号：01-2022-5690

图书在版编目（CIP）数据

KO！再见，焦虑症！/（日）食梦貘著；徐萌译. —北京：现代出版社，2024.1
ISBN 978-7-5231-0636-5

Ⅰ.①K… Ⅱ.①食… ②徐… Ⅲ.①焦虑－心理调节－通俗读物 Ⅳ.①B842.6-49

中国国家版本馆CIP数据核字（2023）第223627号

IKIZURAI GA RAKUNINARU MENTAL RENSHUCHO
by Baku@Seishinkai
Copyright ©2021 Baku@Seishinkai
Simplified Chinese translation copyright ©2024 by Modern Press, Co., Ltd.
All rights reserved.
Original Japanese language edition published by Diamond, Inc.
Simplified Chinese translation rights arranged with Diamond, Inc.
through Lanka Creative Partners co., Ltd.(Japan) and Shanghai To-Asia Culture Co., Ltd. (China).

KO！再见，焦虑症！

著　　者　［日］食梦貘
译　　者　徐　萌

出 版 人	乔先彪
责任编辑	赵海燕　马文昱
责任印制	贾子珍
出版发行	现代出版社
地　　址	北京市安定门外安华里504号
邮政编码	100011
电　　话	(010) 64267325
传　　真	(010) 64245264
网　　址	www.1980xd.com
印　　刷	固安兰星球彩色印刷有限公司
开　　本	787mm×1092mm　1/32
印　　张	8.25
字　　数	120千字
版　　次	2024年8月第1版　2024年8月第1次印刷
书　　号	ISBN 978-7-5231-0636-5
定　　价	49.80元

版权所有，翻印必究；未经许可，不得转载

卷首语

写给每天都感到生活艰辛的你

我想,手捧这本书的你平时也许会因一些烦恼、不满或未能如愿的不甘而感叹生活的艰辛。

去上班,总感觉现在的工作不适合自己;职场上,无法由衷地敬佩上司,压力也很大;想跳槽,却没有一技之长傍身……

但是,你依然渴望像别人一样愉快地度过每一天,渴望无忧无虑地生活。

在个人生活方面,似乎也并不顺利。周围的朋友们要么已有恋人,要么已经结婚,组建了幸福的家庭。只有你自己的生活如同一潭死水,毫无起色。

为什么自己的人生会变成这样?

就算结婚后也有了孩子,孩子已经长大成人,回顾人生,却发现自己一无所有,甚至不知道这一生到底是为了什么。

我的诊室接待过公司职员、家庭主妇、学生、退休后的老人等各式各样的人,当他们在生活中感到疲惫不堪的时候,就会前来问诊。如果他们的状态还没到患病的程度,我就会在说明情况后请他们回去;但其中也有一些人被确诊为"抑郁症""适应障碍症",需要服用药物来治疗。

毫不夸张地说,**如果在这世上不加防备地生活,无论是谁,一不小心就会落下心病。**

"幸福的人"都做对了一件事

与从前只有报纸和收音机的年代相比,生活在网络时代的我们能够获取的信息量大大地增加了,最终导致了人们因为"日常生活信息量过大"而倍感生活艰辛。并不止你一人如此。

然而,你却总感觉身边的人每天都过得快乐、幸福。

有的人与你的上司关系很好，工作上也能很顺利地做出成绩；有的人遇到了理想中的伴侣，有着如诗如画的惬意人生；有的人想要活出自我，于是做着自己喜欢的工作，实现了崇尚自我、轻松自在的生活方式。

而更多人则是在苦恼，怎样才能成为像他们那样的人。

"如何活出自我？"

"如何改变自己？"

"积极思考的秘诀是什么？"

在当今这个信息爆炸的时代，诸如此类的方法论数不胜数。只要在网上查一查，各种方法便立即涌现。而尝试后却发现，自己并不能像方法论中所写的那样有所改变。这真令人焦虑、烦恼。

其实，没有必要烦恼。你只是受到了各种方法论的干扰，于是强迫自己辛苦地努力。所以，尽快摆脱这些干扰吧。

那些"幸福的人"既不会试图把自己打造成另一个人，也不会为了展现自我去冲破一切阻碍。他们只是做了一件事：在这充满艰难险阻的社会上，**不以自我为中心，学习并实践能够顺利融入周围环境的方法。**在本书中，我将其称为"拟态"。

所谓"拟态"，举例来说，就像蝴蝶为了避免被天敌吃掉而模仿树叶的形态；变色龙为了隐藏自己、免受攻击，会变得与周围环境的颜色一致。

首先，学习拟态吧！

每个人都会遇到大大小小的难题。但是，很多人会运用拟态，装出"我在这个社会上顺风顺水"的样子，来适应社会生活。**因各种琐事而倍感生活艰辛的人，大多情况下不懂得在"通过拟态融入周围环境"这件事上下功夫，而是选择直面问题，因此把自己搞得疲惫不堪。如果你也能游刃有余地拟态，就会发现很多烦恼都消失了，**至少可以让人际关系不再成为"纯粹的负担"，或许还能得到周围人的支持。

建立对"幸福之人"的拟态，可以帮你在波涛汹涌的人生之海中稳定航行，使船（你的感情）免于颠覆。

其实，受上司赏识、在职场上顺风顺水的人，或许与你一样，在心里非常讨厌上司；看似遇到了理想伴侣的人，实际上也会对另一半心怀不满；看似活出了自我的人，也许一边做着"不想做的事"，一边付出比别人多一倍的努力。

外人其实很难看透一个人的真实想法。这些人在社会中伪装自己，隐藏自己的真实想法，并尽量避免给自己带来多余的压力，才能收获舒适的生活。感觉生活艰辛的人与生活惬意的人，两者的差异就在于此。

我生活的艰难之处

我想告诉你轻松实现"拟态"的技巧。一个人的性格和思维方式是很难改变的。但是，**运用拟态，无须从根本上改变自己，**只是通过拟态"让周围人注意不到自己的弱点"，这稍微容易一些，不妨试试看。

实际上，我本人也是因为学会了"拟态"，才让生活变得轻松了许多。对我来说，生活的艰难之处有两个。其中之一是，我患有一种名为 ADHD（Attention Deficit

Hyperactivity Disorder，注意力缺陷与多动障碍）的发育障碍性疾病。

我的问题在于：

◎ 多数错误都是因为粗心大意

◎ 注意力容易涣散（无法集中在某项工作上）

◎ 精力过度集中在自己想做的、感兴趣的事情上

◎ 丢三落四（常常忘记把东西放在哪里）

◎ 不擅长打扫、整理、收纳

◎ 不擅长管理时间，经常迟到

◎ 无法在头脑中依次思考日程和工作安排

近年来，有研究表明，这些问题都是由大脑的器质性疾病引起的，与一个人的脾气秉性无关。但在我对此一无所知的时候，这些问题接二连三地发生，最终对我的社会生活造成了巨大的影响。

回顾以往的人生经历，因为记错日期而缺席朋友的婚礼，高考、公务员考试差点迟到，忘带准考证，经常被各种人责备"能不能认真一点！""太不靠谱了！"我

曾经一度认为自己是个废物，不知道该怎么努力才能变得跟大家一样"正常"。

经医生诊断后，现在的我按时服药，时常审视自己，以了解自己在发育障碍方面的特点和问题，并思考如何避免这些问题影响工作，寻找一些提醒自己的方法，每天都在模仿"没有问题的社会人"。

此外，我还听说过难以分辨人脸的面孔失认症（脸盲症）、看文字就像镜像字符一样的认知障碍（无法立即分清 2 和 5、分不清石英表上的 25 分和 35 分），这些问题在日常生活中也会造成一些困扰。

与他人的差异——心理上是男女性以外的 X 性别[①]

与别人相比，我另一处显著不同在于，我不具备一般的自我性别认知，可以将我划分为 X 性别中的无性别者。

跨性别也有着多种定义，就我而言，我的内心既非男性，也非女性。我小时候对男女没有任何偏好，对裤

---

① X 性别：性别不明、双性或未指定性别。

装或裙子也都没有什么特别的喜好，现在也依然如此。

每次谈到这种与性别相关的话题，就会被人问及恋爱对象。其实，我对男女都没有兴趣。在我的人生中，并不会因为对方是男性或女性而对其产生好感。

我喜欢的只是"那个人"本身，与对方的性别无关，但对方大概会有自己是男性或是女性的认知，所以，即便在我看来，自己喜欢的是"那个人"本身，但对方却往往不这样认为。在日常生活中的各种场合，"像男人一样""像女人一样"的概念会把"普通人会怎样做"的"常识"强加给我。

我因为发育障碍性疾病已经受到了一定的关注，所以解释起来更加容易了，但是每次别人随便地以性别定义我的时候，我真的会感到精神上有些疲惫。

经历抑郁和停职

回顾我过去的生活，相比 X 性别，ADHD 和脸盲症对我的负面影响更大一些（特别是我的职业，无论男女，待遇都是一样的，所以这种感受会更明显）。因为我分辨不出别人的长相，所以很难融入集体生活。在日程管理上也常常失败。因此，我时常会给身边的人添麻烦。"我会完全接纳这个人和他犯的所有错误，我们一起愉快地相处下去吧"——别人自然不会这样想，所以我被孤立也是理所当然的。

在这种情况下，我依然努力成为一名医生。但无论在工作还是生活中，我都遇到了各种各样的麻烦。我本来就不擅长应对各种事情，却又增加了工作这项新任务，完全超出了我的应对能力。疲于应付的我最终患上了抑郁症，然后经历了停职。当时的我完全想不到自己能恢复到如今这般能写书的程度。

如今，我终于意识到，令我活得艰难的一个很重要的原因在于，我企图把自己这些奇怪的特点直接讲给别人听、希望得到对方的理解，并且失败了。**如果希望对方接受真实的自己，就常常会失望**，遭受挫折也是自然的事。

因此，我现在的做法是了解自己的特点，思考并学习如何与周围人相处，在社会生活中运用"拟态"。经过一番努力，我终于成为一名精神科医生。

能毫不费力地让身边人接受真实的自己并自在地生活，这种完美的人并不存在。以此为目标，对任何人来说，都是件苦差事。

当然，我现在的生活也并非一帆风顺。但是，我自认为已经获得了寻常人向往的幸福。因为我理解了这种"恰到好处的状态"，所以不再频繁地对人生感到悲观。

几年前的我很自卑，停职后便整日蜷缩在被子里，绝望地认为自己一无是处。我想，正是因为重新设定了适当的目标，我才能走到今天。

积攒微小的成功经验，是改变思维方式的秘诀

我想，读到这本书的你如果能了解一下令自己活得艰难的原因、自己对此的解释以及应对的方法，那么往后的日子至少会比现在轻松一些。

其实，这本书接下来的内容，从本质上看，都是很简单的事，但一定有些地方会让你感觉"这太难了"或是"我没办法这样去想"。**做不到的事情可以暂且搁置，请你着眼全书，试着找寻自己能做到的事。**

仅凭读书的确很难改变基本思维方式的问题。但是，**如果大家能在书中了解其他的思考方式，心血来潮时能从做得到的事情开始尝试，或许人生自此会发生重大的变化。**

精神科的治疗其实也是同样的道理。**无须勉强自己，只要一点一滴地积累每一次微小的成功经历，足以改变我们生活中的思考方式。**

现在，你有了想要阅读这本书的欲望，仅凭这一点，你就已经跨越了一个难关。接下来，你只需一步一步地、不断掌握更多令人生轻松快乐的方法。希望大家能以愉悦的心情读完这本书。

精神科医生

食梦貘

目　录

卷首语 　　　　　　　　　　　　　　　　　　　　　　　001

第 1 章　寻找令自己感到"生活艰辛"的原因

是什么让你感到"生活艰辛"？　　　　　　　　　　　　003
想象着尚未发生的未来，无法抑制不安与痛苦的小 A　　005
让自己迎合他人的价值观，会让生活变得艰难　　　　　009
过度在意别人的看法，勉强自己改变喜好　　　　　　　012
以他人的行动为准绳来决定自己的行动　　　　　　　　016
为了鼓起勇气辞掉不适合的工作，你需要了解的思维机制　019
无须刻意与工作中的人搞好关系　　　　　　　　　　　023
连 D 自己都不知道"痛苦得想死"的原因竟是疾病　　　029
试着思考一下吧，当世界只剩你一人，还会有什么烦恼？　031

第 2 章　一种思维方式可以将幸福转变为不幸，也能将不幸变为幸福！

停止对别人的忌妒，可以让人活得更轻松	037
忌妒来源于对别人的擅自评价或竞争	042
请意识到再光鲜亮丽的人也会有烦恼	048
为了保护自己，请积极唱诵咒语"别人是别人，自己是自己"	050
不要否定自己，不用总觉得自己做错了什么	053
你知道佯装思考后要放弃做某事时选择的"废温水"吗？	058
"做不到""我肯定不行"——一张黄牌送给总想找借口的你	062
你的"痛苦"或许来源于对失败的恐惧	066
利用厌倦心理战胜恐惧和不安吧	072
由"如果失败该怎么办"转变为"等失败后再说吧"	076
成功接纳新的思维方式，能够更快地改变你的想法	079
是否越相信"人皆平等"就越痛苦？	081
寻找方法——利用天赐的条件，让自己变得更好	085
当个懒人吧——高效生活的力量存在于懒惰之中！	087
不适合你的方法，不用也罢。以适合自己的做法达成目标	090
事情再小也要试试看，以此获得自我满足感	092

第3章　为了融入社会的拟态建议——"无论如何先试试看！"

江山易改，本性难移	097
强迫自己活出自我并不是"轻松快乐的生活方式"	102
练习 01　事先准备好"替换面具"，如"用于××的自己"	106
练习 02　"但是""话虽如此""反正"——停用"3D"就能解决八成问题！	111
练习 03　试着使用"原来如此"代替"话虽如此……"	122
练习 04　不能用计算得失来停止"改变自己"	124
练习 05　从"好麻烦啊"变为"总之先试着做5分钟吧"	128
练习 06　把"今天发生的好事""令人开心的事"等记录下来	130
练习 07　消极—积极式思考，并写在纸上	132
练习 08　学习能够自然地称赞自己和他人的方式	134
练习 09　培养坦诚地接纳自己的情绪的习惯	136
练习 10　用"无差别问候"给别人留下好印象	138
练习 11　在所有对话中，避免别人说完就立即回复	141
练习 12　反复模拟不愉快的场景，让大脑厌倦	143
练习 13　去睡觉吧，不要胡思乱想	146
练习 14　成为他人自觉关照对象的小手段	148
练习 15　向人提出请求时，应从一开始就示弱	150

练习 16	当别人说出负面的话语时立即召开"脑内会议"	152
练习 17	把自己夸得天花乱坠的人最终会成功	155
练习 18	当思维僵化时,请在大脑中设定其他人格	158
练习 19	假装自己憧憬的人就在面前	163
练习 20	从人生中清除无关的流言	168
练习 21	有时"逃避"和"放弃"也是一种选择	171

第4章 让生活更加轻松的心理习惯

缓解生活压力的小习惯推荐		175
习惯 01	用"揉面"来缓解愤怒	176
习惯 02	引入"自我监测"	178
习惯 03	尝试写出度过怎样的假期会让自己感到后悔	183
习惯 04	用"能给内心带来满足的事物"来填满自己	185
习惯 05	当不再被流言蜚语左右时,你会变得更快乐	187
习惯 06	不理会别人的非议与中伤	190
习惯 07	允许适当地花钱让自己开心	197
习惯 08	定期自我关怀	202
习惯 09	自我评价低的人应该具备的一个习惯	206
习惯 10	当被他人感谢时,立刻回应"托你的福!"	211
习惯 11	尝试"扮演好人的游戏"	213
习惯 12	在擅长夸奖别人之前,先学会接受夸奖	216

习惯 13	试着用让自己很开心的夸奖来夸奖别人	219
习惯 14	与最亲近的人互看"面具下的真实面孔"	221
习惯 15	养成戴上微笑的"面具"说一句"早上好""路上小心"的习惯	225
习惯 16	不要仅凭自己的热心肠和正义感,就踏入对方内心柔软的部分	228
习惯 17	不要以你的常识来看世界	232
习惯 18	不要再说"如果没有那个人就好了"	234
习惯 19	人生中最关键的事——了解你自己	237

终 篇 242

第 **1** 章

寻找令自己
感到"生活艰辛"的
原因

是什么让你感到"生活艰辛"?

首先,到底是什么让你感到生活艰辛?在本章中,请试着思考这一点。我在卷首语中也曾提到过,我的诊室接待过各种身份的人,他们因为在日常生活中感到困顿、艰辛而来找我问诊。

迄今为止,我已经诊治过两万余人,让他们感到生活艰辛的原因大体可以分为以下几个方面:

◎ 想象还未发生的坏情况,对未来充满不安
◎ 过分在意别人的目光或太爱面子而失去自我
◎ 把社交网络上看似风光无限的人与自己作比较,产生了忌妒心或自卑感
◎ 来自人际关系方面的压力
◎ 与自身的某种疾病有关

接下来,我会虚构一些人物,结合自己诊疗中常见的患者病例来分析这些原因。

> **想象着尚未发生的未来，**
> **无法抑制不安与痛苦的小 A**

我们或多或少都遇到过无法停止负面思考的情况。一旦负面思考充斥我们的大脑，自己被想象中的可怕场景所吞噬的时候，就会发展成心理疾病。

在新冠疫情刚开始流行的时候，小 A 就在给自己做了最坏的心理建设后病倒了。当时，人们都对新冠病毒一无所知，还没有颁布预防感染的正确对策。小 A 作为窗口接待人员，在口罩、酒精等物资不充足的情况下，仍需接触很多人。

虽然办公桌上增设了树脂隔板，小 A 自己也试着制作了布口罩，但一想到自己接待的对象可能是新冠病毒的感染者，就越发感到焦虑不安。渐渐地，她开始担心，如果自己在工作中感染了新冠病毒，很有可能会传染给住在一起的家人。于是，每次回家都让她倍感压力。最终，她认为回家的途中经过很多人员密集的公共场所会增加感染的风险，于是决定下班后就住在酒店。但是，小A并不习惯睡在酒店，夜里总是失眠，结果身体变得很糟糕，只能又回到家里。

然而，在自己的卧室里，她还是因为无法停止想象而失眠。"如果接待的客人是新冠病毒感染者该怎么办？""如果同事得了新冠肺炎该怎么办？""如果电车上站在我身边的人得了新冠肺炎怎么办？"

小A无法停止那些无谓的担心。她甚至害怕入睡，因为担心自己失眠后昏昏沉沉地睡着了，听不见闹钟的声响，上班就会迟到。最后，她因为担心"如果被公司开除，就没有收入，以后甚至买不起日用品"，在家里洗澡就不再用香皂或洗发水了。于是，她在家人的陪伴下来找我就诊。

"做最坏的打算，就更容易接受现实"
这种想法很危险

在精神科，主诉类似焦虑情绪的就诊者并不少见。

大家多多少少都设想过自己不希望未来发生的某些事情。但是，一旦想象超越了限度，就会让人害怕得什么都不敢做。精神科将这种因预测尚未发生的未来而感到焦虑难安的现象称作**"幻想精神病型焦虑"或"预期焦虑症"**。

小 A 跳过眼下有可能会发生的问题"如果自己得了新冠肺炎该怎么办"，而执着于想象前途未卜的未来生活，导致自己连当下的问题都解决不了。

这个例子看起来很极端，但其实每个人都有这样的倾向。小 A 本来就比较悲观，她认为"只要做了最坏的打算，就不会再发生更差的情况"，所以在生活中一直都往最坏的情况想。

"做最坏的打算，就更容易接受现实"，我想这种想法正是很多人为艰难的生活所做的准备，但我并不建议大家在生活中养成这样的思考习惯。因为一旦失去平衡，就有可能像小 A 一样，头脑全部被负面思考所占据。

实际上，大多数人都容易在想象未来的时候想到一些糟糕的情况。

"要是今天出门突然在家门口捡到一个装满大额钞票

的钱包,我该怎么办呢?如果把它交到警察局,恰巧钱包的主人——一个大富豪也在那里,要给我一沓现金作为酬谢,我应该怎么办呢?"——没有人因为这样的烦恼来找我看病。

若是年轻人,有的人会产生丰富多彩的积极幻想,比如:"刚刚我和前辈对视了,绝对是!这是不是说明他对我有意思,啊——"

但是,这种积极幻想的能力随着年龄的增长会渐渐衰退。因此,我们应该趁着年轻,尽量改正"消极假设"的坏习惯。

当下对每个人来说都是余生最年轻的一瞬,从今天开始改变也来得及。

POINT "提前设想最坏的情况"
——不必这样为意外事件做准备。

让自己迎合他人的价值观，会让生活变得艰难

你对自己是否有正确的认识？

在判断成败或给自己打分的时候，用自己的价值标准来评价自己，这一点很重要，不要以他人的标准来衡量自己。**很多人感到生活艰辛，是因为想要迎合自己幻想中的"别人的价值观"。**

最近，大概是由于社交网络上充斥着"大家都欣赏的人"的信息，越来越多的人为了迎合别人的价值观而深陷烦恼。

"因为大家都说好""因为大家都在做""因为大家都有"，你无须因为这些评判去模仿、跟风。即便你跟风做到了，你内心那个"独一无二的自己"也不会开心。

远离社交网络可以消除烦恼

如果你每天都因此而烦恼,那么远离社交网络会让你轻松很多。

有的人由于工作或人际关系方面的原因做不到这一点,那么就不要盲目地相信别人发在社交网络上的信息。要明白一点,社交网络上的信息有真有假。有人在照片墙(Instagram)上上传照片表示"我做了好吃的料理",但或许只是好看却非常难吃,我们甚至无法断定照片中的料理到底是不是这个人做的。

对这种不知真假的信息,抒发羡慕之情或自惭形秽,都只是徒增烦恼。

以我本人为例,我停用了脸书(Facebook)。上一份工作中,大家都在用脸书,仿佛这是理所应当的,于是我也开始用起来。但是,工作中每次在脸书上发点东西,医务室的人就会点赞,于是我无法再坦然地发一些私人生活方面的内容了。

辞掉上一份工作后,还总是会接收到无关人士的消息，这让我心烦。屏蔽这样的社交网络则会令人神清气爽。

或许有人会问，大家都在用脸书，要是停用了会不会不方便？我的答案是"不会"。只用邮件或电话就能联系到需要联系的人，所谓的社交网络即是如此。

其实，没有社交网络在几年前是常态，那时大家的生活并没有任何不便。当然，灵活地运用社交网络的方法有无数种，感兴趣的人可以去尝试，但如果不感兴趣就没必要参与了。

POINT　即使大家都在做某件事，你也不用跟风。

过度在意别人的看法，勉强自己改变喜好

之所以我要特别强调"不要和别人比较"，是因为如前所述，如今社交网络广泛普及，已经成为人们生活中必不可少的存在。然而，这些社交网络也变成了助长人们将自己与别人比较的元凶。

假设你在社交网络上发布了一条消息："今天的午餐是现在很热门的有机食品套餐！店内的装潢是复古的风格……"食品无添加剂、餐厅的环境幽雅，给人感觉十分健康。因为是网红餐厅，你会收到很多点赞和评论，例如"我也想吃""真好！我想去"。

但是，如果你发布的内容是"今天的午饭我吃了快餐"，或许也会有人给你点赞（我就想点赞），但也会有人评论说"吃这些对身体不好"。可以预见，至少与吃有机食品相比，诸如"我也想去""真好啊"这种羡慕你的回复会少一些。

一旦在社交网络上获得了赞赏而感到快乐，人们就会更倾向于在网络上优先发布"平时就非常喜欢有机食品的自己"。毕竟，收到大家积极的反馈，使用社交网络才更令人开心。

于是，**人们开始下意识地改变自己，不仅仅是发出的内容，就连实际行动都会被社交网络左右。**或许，有想得开的人决定就此给自己打造一个社交网络的专用人设，享受着"演戏"的过程，但大多数人没有这个能耐。

本来，在社交网络上发帖，就是为了给自己增加快乐。如果因此感到有压力，只会带来不快，还是立即停用比较好。

路过麦当劳或乐天派门前时，一边径直走过，一边想着"虽然吃这些垃圾食品会发胖，对身体不好，但真的好想痛快地吃一顿汉堡薯条啊……"或是刻意隐瞒自己吃了快餐，这样的人生真无趣。

不过，也有人吃了有机的健康食品后身体变好了，觉得还是健康食品适合自己，所以合适与否都要因人而异。

无须责备"与众不同的自己"

我们没有必要为了得到被别人点赞的"完美生活"而改变自己的生活方式,也不用抱着"想让别人羡慕"的想法生活。

不要管什么"环保极简""时尚考究",只要自己能过得轻松自在、幸福快乐就好,不用刻意选择令自己疲惫的生活。

不断责备"与众不同的自己"是毫无意义的。

有人很喜欢巧克力,只要吃了巧克力就能露出些许笑容,却在内心不停地挣扎"我这种体形不减肥不行……""吃了会被别人说三道四,还是不要吃巧克力",本来巧克力是自己最喜欢的、能带来幸福感的食物,每次吃的时候却像吃毒药一样,令人充满罪恶感。

如果为了减肥而下定决心尽量不吃巧克力,可以设定每周一天为"巧克力日",奖励一下忍耐了一周的自己也未尝不可。这样就不至于丧失很多幸福感。

实现更加轻松自在的生活方式,需要自己能感知到

怎样做才快乐。

当然，朝着目标不断努力也很重要。但是，一旦搞错了方法或方向，只会让自身的压力大于收获，这样就得不偿失了。

重要的是"坚持本心，继续过自己认为刚刚好的生活"。

完全不需参考别人的价值观和评价，没有必要受到他人言行的影响，而委屈自己改变喜好。

POINT 更加轻松自在的生活方式，
需要自己能感知到怎样做才快乐。

以他人的行动为准绳来决定自己的行动

"同学们的家庭都很幸福,我不希望只有自己成为失败者。"有些人连离婚这种个人问题也要看他人的脸色行事,小 B 就是其中之一。

小 B 是家庭暴力的受害者,即使受到了严重的身体与语言暴力,甚至被限制人身自由,她也不愿意离婚,理由是"因为身边人都没有离婚……"

周围的朋友都劝她至少逃离自己的丈夫,但她说"大家的夫妻关系都很好,所以……"然后依然选择与丈夫在同一屋檐下生活,最终小 B 的身心都深受打击,不得不接受诊疗。

的确,当我们采取与周围人不同的行动时,容易产生一些诸如"是不是我太任性了"或"只要我忍一忍……"

的想法。但小 B 身边的朋友并没有像小 B 一样受到丈夫的言行暴力与控制。这种情况下，与身边的朋友相比较本身是没有意义的。

因为同学们都没有离婚，自己也不离婚——这种选择完全不合理。实际被家暴者与没有被家暴的人用同样的标准来思考是否离婚，这件事本身就很荒谬。而且小 B 如此在意别人的看法，实在是令人不可思议。

如果像小 B 这样，因为别人没有做所以自己也不做，那么常见的结果便是拖延自己本来应该做的事，自己所处的环境将会越来越恶劣。

不要将环境不同的人作为自己的判断标准

令人意外的是，有不少人像小 B 这样，将自己与身边人相比较后，选择忍耐。对于这些人来说，要注意的是，**不要将自己和所处环境不同的人同等看待。**
"因为别人在忍耐，所以我也应该忍耐"这个观点是错误的。但凡你有一点厌烦、痛苦、想停止的想法，你就有逃离的权利。

远离让自己感到痛苦的事，这是你能实现的自卫方法之一。请一点一点地将更多的自我保护行为纳入你的日常生活中。

POINT "因为别人在忍耐，所以我也应该忍耐"这个观点是错误的。

为了鼓起勇气辞掉不适合的工作，你需要了解的思维机制

有些人明明觉得自己不适合这份工作，却一直要把这份工作继续下去。

在超大型金融公司任职的C就是这样的人。C第一份工作的工资在同届毕业生中算是非常高了，因此被大家艳羡。但在入职后，C马上体会到了工作的艰难。C无法给客户介绍自己看中的投资项目，因为如果不给客户推销公司指定的、不赚钱的投资项目，就完不成业绩。

相比把客户的资金长期投在一处（一家公司），让客户不停地轮换投资来收取手续费能让公司赚得更多。客户自然也会抱怨，但是，在客户那边圆滑地逃避责任，同时顺利赚取手续费为公司盈利，这便是在这家公司出人头地的条件。

上司斥责C说:"说一些冠冕堂皇的话能挣到钱吗?!我也是这么干才到了今天这个位置。别瞧不起这份工作,还当自己是个学生吗?!"

C无法像上司说的那样转变心态,渐渐地,内心越发感到煎熬:"为什么我这么不诚实呢?"于是,C开始失眠,靠饮酒或服用安眠药才能入睡,上班的路上步履沉重,也偶尔会请假,在职场上的口碑不断下滑。

后来,C完全丧失了自信。

迅速辞职才是最佳选择,但……

在这件事上,**对C来说,最好的解决方法就是马上辞职。**

但是,和别人一样,他也认为自己进入了一家人人皆知的著名企业,无法下定决心辞掉工作。而且,身边人也不理解C的痛苦,还责备他"你是不是有些幼稚""不要在工作中夹杂个人感情"。C已经到了走投无路的地步。

"想在金融界有所成就，就应该为了公司的利益调动资金。哪怕对客户不诚实，也要为公司创造利润、获得大家的认可，如果你做不到，就无法成为一流的金融人士。"

就生存而言，这种话是否正确另当别论。这种职业是存在的，实际因此获利并不违法。即便是看起来会赔钱的投资项目，有些厉害的人也能从中赢利，让公司和客户皆大欢喜。在此，我们能够断言的只是，**C 的性格明显不适合这份工作。**

最后，过了一年 C 终于辞职了。忍耐了一年，结果如何呢？C 需要用两年以上的时间来提升自我评价，找回丧失的自尊心，并且以他的状态，将很长时间无法工作。

假设 C 在感觉这份工作不适合自己的时候，就转变想法，下定决心找一份更适合自己的工作，然后用半年时间换工作，那么 C 的自我评价和自尊心很可能就不会受损得如此严重了。

请试着代入 C 的故事思考一下。**即便勉强坚持不适合自己的事，总有坚持不住的一天，既然如此，不如早**

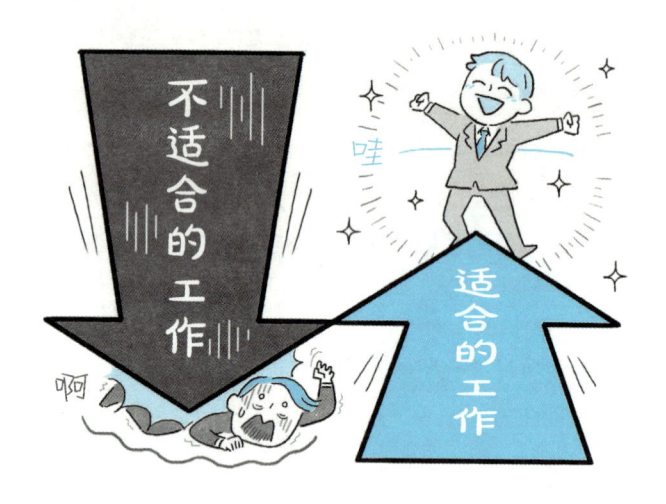

点"脱离苦海"。我知道下决心很困难,但还是要有意识地记住这一事实,时常回顾日常生活,或许你会有一些新的发现。

> **POINT** 如果你每天都过得很辛苦,
> 恐怕这份工作不适合你。

无须刻意与工作中的人搞好关系

很多人因为选择直面问题、不逃避，反而令自己更加痛苦，原因之一便是存在人际关系方面的问题。比如，公司的上司不好相处等。

这种情况下，很难按照自己的想法调动岗位，而且如今经济不景气，也不能因为直属上司很讨厌就辞职。但与上司在工作上总会有交集，自己只能无可奈何地忍受——大家应该都是这样想的吧。

当然，从某种程度上，这个想法是正确的。既然那个人是你的上司，那么在工作中听从指示、汇报、联络都必不可少，从公司的规章制度来看，这是无可厚非的。

但重要的是，不要忘记你们的关系仅此而已。**没有必要因为是直属上司就要亲近对方，既不用向对方敞开**

心扉，也无须相互了解。 说得极端一点，只要不耽误工作，你们甚至都无须建立信任关系。

但是，有很多人想不通这一点，来医院找我抱怨："职场的人际关系太累人了。"有些人说着讨厌的上司、同事或后辈的坏话，却并不要求上司改变态度或认可自己，只是自顾自地生气抱怨说："那个人如果不解决这个问题，他就不是人！"这样做毫无意义。但是，很多患者坚信他们应该这样做。

在这种情况下，我会建议他们："如果你不是那些人的老师，这样指责就超出了工作范畴，是多管闲事。所以，不要再做这些浪费精力的事了。"

无论其他人是否也不喜欢自己讨厌的人，或在背后抱怨他们，都不要管，在与工作无关的事情上为了讨厌的人烦恼，是没有意义的。

工作并不是为了交朋友或找个家人，而是为了获得与劳动等价的报酬。既然如此，只要在工作上能取得一些成果，受到一定的认可，无论上司如何，自己做好应该做的事，就有权利得到报酬。

在这种情况下，**如果你因为"其他人也受到了那位**

上司的苛责，并因此苦恼"而试图参与其中，到时候吃亏的就是你自己。

不要妄图在职场上交朋友。无须搞好关系，但还要维持职场中的良好氛围，为此，**在工作中戴上"和每个人都友好相处的面具"，自己就不会很辛苦。**

虽说戴上了"和每个人都友好相处的面具"，并不意味着要从心底和每个人都成为朋友。**如果上司的言行让你感到痛苦，你可以想方设法地逃避，这种逃避没有错。**

不必直面自己不喜欢的人

我们要具体地分析，在什么情况下，上司的言行会伤害到自己。

比如，在找对方审批文件的时候，上司会不停地说一些冷嘲热讽的话，或是不得不进行一些冗长乏味的对话，如果这让你很痛苦，你可以把文件等资料迅速放在他的桌子上，说："麻烦您确认后盖好印章，估计您现在挺忙的，那我一会儿再来取吧。"这种方式既能表现出为对方着想，又避免了深入的交流。哪怕对方说"你是不是不想和我说话"，即便是上司，也没有权力强迫下属对自己示好。

与其费尽心思讨上司喜欢，不如找一些方法，圆滑地回避那些麻烦的人，这才是更有建设性的思考。

另外，如果对方说一些挑三拣四的话，也没必要全部认真地听下来。可以回答"好的，知道了，我会注意的"等，找到不惹怒对方的边界，在此范围内回应即可。

没有义务全盘接受上司说的话

如果被上司强迫做一些不合理的事，就需要我们在回避方式上下点功夫。与其直截了当地拒绝，不如说："刚刚××让我先做这项工作，我去向××确认一下能否先做您交代的任务，可能会把您吩咐的工作推迟一下，没关系吧？"我想，像这样将其他人卷入其中，让周围人知道自己是被强迫的也是个不错的方法（装作天真的样子让大家都知道，这也是一种必备的处世之道）。

当遇到态度严厉、言语粗暴的上司时，因为不可避免地感受到恐惧和压力，下属往往会把上司的话理解得

过于严重。

其实可以换个角度去理解，比如"因为那个人日语不太好才会这么说""因为他只会用这种表达方式"等，为了避免被对方的言语打击，平时就要注意进行这种想象训练。

说到底，当一名上司打击下属的积极性时，他就不是一位称职的上司了。

每次当上司对你大喊大叫时，你可以在心里默念："唉，他自己都知道如果不大声说话，别人就不会听取他的意见。听说越是弱小的狗就越爱叫……"要知道，上司向你大喊大叫并不是因为你有问题，你完全可以把他的话当耳旁风。

下属并没有义务将上司所说的话全盘接受，如果公司不能理解你的处境，那么这种工作便是止损的对象。

总之，对于工作中遇到的人，试图从正面打击他们或与他们对着干，只能使自己吃亏。我们应该有意识地以柔克刚，用心中的合气道巧妙躲避其锋芒，这样工作就会轻松一些。

我曾说过很多次，所谓工作，只不过是你提供劳动力以此获得等价报酬的行为。

全盘接纳那些奇葩人士说的话,让自己的内心痛苦不堪,导致最终无法去上班,这是因为欠缺基本的自我保护能力。

与其正面针锋相对,最终走向辞职,不如巧妙地无视他们,拿好自己的工资更划算。

所以,为了保护自己,应该依靠学习或考资格证书来提高自己在公司的价值。

POINT 我们应该有意识地以柔克刚,
巧妙地躲避锋芒,远离自己讨厌的人。

连 D 自己都不知道 "痛苦得想死"的原因竟是疾病

一位女性朋友 D 有着很严重的问题——每年都会有一两次的自杀行为。

她会反复陷入恶性循环之中——无论在做什么,突然会感到非常绝望,然后产生自我厌恶的情绪。因为太痛苦,她什么都做不下去,只能辞掉工作,或是在承受不住后选择自残,有时甚至会采取自杀的危险行为。

为什么会这样呢?D 自己也解释不清楚。

她只会耷拉着脑袋说:"我也不知道是怎么回事,就是感觉自己不行了,非常痛苦,只想去死……"尽管做出了结束自己生命的重大决定,D 却说自己也不知道为什么这样做。

我追溯了她过去的住院记录,并详细调查了迄今为止 D 的所有行动，发现她的症状是周期性发作的。

和她本人确认过后，我得到了肯定的答案。每次在 D 产生难以抑制的绝望感时，两周后她基本上会来月经。

这种病叫作"经前情绪障碍症"（PMDD, Premenstrual Dysphoric Disorder），在最近开始被大家熟知的经前期综合征（PMS, Premenstrual Syndrome）之中，这一类疾病的症状在精神方面的问题尤为严重，甚至会影响到日常生活正常运行。

通过查阅 D 以前的病例了解到，她至今从未接受过相应的治疗。在精神科和妇科联合治疗一段时间后，如今 D 只需要接受妇科的治疗就能稳定病情了。

总之，在这个案例中，一味地劝说对方"不能自杀、不能伤害自己"是没有意义的，只会把 D 逼进"自己也明白但是做不到"的死胡同里。实际上，D 后来回想，过去身边的人一直都是这样劝她的，这让她感到很痛苦。

POINT 生活得极其痛苦，或许与某种疾病有关。

> 试着思考一下吧,当世界只剩你一人,还会有什么烦恼?

因为大家都在做某件事,所以自己也要模仿,但如果失败了,不会得到任何被模仿之人的补偿。如果有人大喊着"明明我和那个人做了同样的事,为什么那个人能幸福,而我却很不幸?!"看到这种人,你会对他说什么呢?

如果是我,我只会说:"是啊,但是下决心做这件事的人是你自己,因此,那个人无法替你承担责任。所以,与其原地大叫着'为什么',不如思考一下怎样做才能从不幸中得到一些好处,哪怕一点也好。"这段话对心情低落的人来说或许有些残酷。

但是,即便牢骚满腹地想把责任转嫁给他人,事情也不会有任何改变,所以,如果对自己决定的行动结果有所不满，只能自己去想办法。

别人会做那件事，我不会。但是，我会做这件事，所以万事OK！

每个人都有不同的境遇，看到不同境遇的人，将其当作自己的目标没有问题，比如"我也想变成那样，怎么做才好呢"。只是不要忌妒别人，不要在背地里抱怨，或者说别人坏话并以某种方式掩盖。

别人是别人，自己是自己，只要理解这一点就会明白，忌妒是没有意义的。

因为每个人都是不同的个体，每个人会做的事情不一样，遇到的事自然也就不一样。不管别人如何，**自己做能做的事，并从结果中获取幸福，除此之外别无他法。**

请你试想一下，在只有自己一个人生存的星球上，世界"只剩自己一个人类"。

你是否会发现，自己的多半烦恼基本上变得没有意义了？因为已经没有了比较的对象，你的标准成为人类的标准。

说到底，因与他人比较而引发的情绪上的起伏，全都是自寻烦恼。

与他人无关,以"自己能做的事"来解决自己的问题,这便是轻松生活的起点。

POINT

别人是别人,自己是自己,只要认清这一点,烦恼自然会消失。

第1章 | 寻找令自己感到"生活艰辛"的原因

第 2 章

一种思维方式可以
将幸福转变为不幸,
也能将不幸变为幸福!

停止对别人的忌妒，可以让人活得更轻松

人对"自我"的憧憬，有一部分来自对"看上去活得很自我的人"的忌妒。

说起来，为什么有人会对社交网络上别人看上去很开心的帖子，或是"一切顺利""我很幸福"等信息产生忌妒心理呢？

原因之一在于，他们认为"顺风顺水的人"与自己的境遇没有太大的差异。

人总会忌妒与自己相似之人（人往往不会忌妒身份、地位与自己有着天壤之别的人，只会憧憬）。在社交网络如此发达的现代社会，自己与别人之间的围墙好像变得非常低。

实际上，只是从社交网络中的自我介绍上看到对方和我境遇相似（年龄、性别、公司职员、学生、夫妇中的一人、单身、有对象、没有对象等所属的类别相似），其实并没法判定两人是否真正相似，大家却往往选择轻易相信。

一个人与自己的相似点越多，我们就会越羡慕他。

说得更直白一些，**当你认为有一个人虽然跟自己境遇相同，但内心觉得还是自己更胜一筹，那么当这个人越是顺风顺水，你的忌妒心就越强。**

比如，当你看到和自己有着相同经历的人发了一条非常普通的推特，却成了热门话题，你就会想："我也发了同样的消息，为什么就没人理我，为什么？！"这种情绪一般都能被大家理解。

在社交网络上发的帖子成了热门话题，意味着被很多人看到，极大地满足了我们某种需要被认可的心理。被更多的人点赞、转发，能让人产生一种自己的意见得到了肯定的错觉。此外，成为热门话题的推特会被各种网络文章汇总转载，所以人容易有一种自己成了"名人"的错觉。

如果发推特的人是和自己素不相识的人，也许我们就只会产生羡慕的感觉,但若是自己的朋友发的推特成为热门话题,就会加速激发我们的忌妒心。

因为比起完全不熟悉的人来说,自己了解的人是一种"更亲近"的存在。当与自己没有太大差距的人得到大家更多的称赞,人就会产生忌妒心理——"我明明也能受到同样的称赞!"

但是,说到底,有人有了好的主意,获得成功,或遇到了幸运的事,这些会给我们带来损失吗?

假设有一位同期进入公司的同事,工作中看似什么都没干,却得到了很高的评价。

其实,以你的角度看对方"工作上好像什么都没干",实际上,别人或许在稳扎稳打地学习,或是努力与客户建立好关系,因此销售额才会大幅上升。

又或者对方为了避免惹怒奇葩上司,仔细观察后找到应对方法,不再让上司发火了。

而那些女性之所以能出人意料地与优秀的男性结婚,大概是因为她们积极参加相亲或联谊活动,增加了结识优秀男性的机会,并且会与别人开诚布公地介绍自己正在寻找结婚对象,这样就会有更多人为她们介绍男朋友。

海鲜盖饭

白米饭

明明是自己要了白米饭……呃—

海鲜盖饭真好啊

获得成功的他们或她们，只是脚踏实地地坚持做了一些你没有做的事，最终才能得到令你羡慕的东西。

这些人的存在，并不会让你有任何损失。

POINT　有人有了好的主意，获得成功，并不会令你有损失。

忌妒来源于对别人的擅自评价或竞争

所谓忌妒，只不过是"在自己的大脑内出现的、对别人自私的评价或与他人的竞争意图"。 忌妒会让一个人产生焦虑或气愤的情绪。

我可以理解面对自己不喜欢的人时那种心烦气躁的情绪。或许我们没法阻止恼人的负面情绪发生，但是可以凭借自己的力量在一定程度上控制大脑中的幻想。

你可以在大脑中反复模拟练习，试着描绘一个克服了忌妒心的高层次的自己，来取代因忌妒而痛苦的低层次的自己。 只要掌握诀窍，我们就可以用积极的情绪来覆盖消极情绪（第 3 章会详细介绍这个问题）。

比如，假设我的竞争对手是同为精神科医生的 E

先生。

E先生和我毕业后的临床经验也是一样的。我自认为临床能力上我们的实力也差不多（*1）。

但是E先生却拥有很多支持者（*2），写了很多本畅销书，在各种媒体上都有着极高的评价（*3），肯定挣了不少钱吧（*4），真羡慕！自己的经历和他差不多，为什么我不能像他一样呢？下面，我们一起来回顾一下这段话吧。

*1：自己和E先生差不多

判断差不多的理由是什么呢？毕业后工作的年份可以用数字表示，所以一目了然，但是临床能力却完全无从得知。专业医生、指导医生的认可或其他的资格认证只能证明这个医生已经通过了考试或其他测试。特别是对精神科医生来说，还要看他是否与患者投缘，所以根本无法判断出"那位医生与自己的临床能力相同"。

即便不是医生，也无法判定两人的能力是否相同。若是学生的话，哪怕是同等学力，成绩也会因与模拟考试的适配度发生变化而变化；若是公司职员，负责的工作内容终究有所不同,哪里能精确判定两个人有着同等的业务能力呢?如此想来,人经常会在大脑中随意判定"那个人和自己水平相同""那个人比自己差",等等。

*2:有很多支持者

自己能获得别人的支持,这件事更接近于奇迹。能在众人之中让他人感觉"我喜欢这个人",是令人高兴的事。在羡慕别人的这一刻,我想我就明白为什么自己的粉丝这么少了。

*3:在各方面有着极高的评价

直截了当地说,这样说别人并不会让自己得到称赞,只是说说而已,没有任何意义。别人被称赞一定有相应的理由(如擅长叙述、文笔好、写得快、表达浅显易懂等)。若想要像对方一样,不如思考一下为什么自己没能获得如此高的评价,并研究相应的对策,情况才有可能改善。

*4:肯定挣了不少钱吧

人在丧失品性的时候最不体面。一直以来,我在推特上也说过很多次:"**思考要知性,讲话要理性,选择的语言体现了一个人的品性。**"在心里想想别人不知道,但是说出口就很庸俗的话题之一就是"别人的收入"。E先生是否挣了钱,与自己的钱包没有半点关系。

综合上述几点内容,希望你可以了解"忌妒与自己境遇相似的人"是多么没意义、不体面的事。不管别人怎么样,都和自己没有关系。

但是,当你的想法是"真厉害,竟然有人明明和我的经历一样,却能有如此成就。既然如此,我也有潜力,向着目标努力吧"!那么和别人比较也无妨。

如果你会焦虑不安、郁郁寡欢,忍不住散布别人的坏话,那还不如不看社交网络。没有人会喜欢情绪不稳定、对别人口出恶言的人。如果有人觉得自己有这样的毛病,请马上告别这种脑回路吧。

不要关注对方会如何,把一切事情都当成自己的问题来解决

我也理解有人会说,被你冷不防这样一说,道理我

都懂，但还是忍不住想谈论对方的事。

如果大家都能做到"一言既出，驷马难追"，说停止就马上停止，这世上就不会有那么多教人如何获得快乐的心灵鸡汤类书籍了。

人类这种生物总是想方设法地在自己之外的地方寻找造成自己如今身份、境遇的原因（如果有人能马上转变想法，我想他可能达到了顿悟的境界）。

当我们看到某些东西立刻火冒三丈时，如果能稍微将自己的负面情绪变得更有价值，哪怕生拉硬拽也无妨，这会关乎我们光明的未来。

比如，当别人问我，我怎样看待自己的竞争对手 E 先生时，我想我会注意回答时不讲对方的坏话："现在很火的 E 先生吧？好像大家对他的评价都挺高的呢"（让自己看上去并不生气），然后再稍微添加一点自己的思考："话说回来，我是这样想的……"这样说完，我想给自己一个花环。

这样的回答，无论是谁都不会认为我是一个只会说 E 先生坏话的人，而是一个看起来还不错的人，不至于丧失自己的品性。

再强调一遍，所谓忌妒，不过是对别人自私的评价或与他人的竞争而已。如果任由自己胡思乱想后焦虑不安，会给自己增加精神负担。

我们心里应该明白，现实中自己并没有受到什么伤害，还是尽快停止作茧自缚的行为吧。

不要关注对方会如何，请把一切事情都当成自己的问题来解决。如果能做到这一点，你就能摆脱忌妒的负面情绪，轻松快乐地看待事物。

POINT 在大脑中反复进行模拟测试，
练习放下饱受忌妒之苦的低层次的自己。

请意识到再光鲜亮丽的人也会有烦恼

如今社会上出现了不少网红,工作育儿两不误,在社交网络上时常发送笑容满面的精心自拍,再配上一句:"我的人生十分充实!"

而且,他们一般既不是明星也不是贵族,都是和我们一样的普通人。当然,因为他们"能干"才获得了幸福。

但是,有些人无法做到那些网红所做的事,即使竭尽全力去模仿也绝对成功不了。于是,他们的自我否定感会越来越强:"那个人明明就是这样成功的,为什么我不行呢……"在这种"徒劳的努力"的过程中,无论是谁、无论过多久都不可能收获幸福。

其实,我们不用刻意地去原封不动地模仿网红们所做的事。谁也不知道在他们表现出来的幸福面孔背后有着怎样的心情。就像谁也想不到那些看起来很幸福的明星情侣、夫妻会闪电离婚,给人感觉事业顺风顺水的名人也会突然隐退。

在社交网络上再怎么光鲜亮丽的人,都或多或少有着不为人知的、不幸的一面。尽管你们的烦恼多少有些不同,但对方也是和你一样会烦恼的"普通人"而已。

就算不能和那些能干的人统一步调,就算不和他们做一样的事,我们也并不会因此而变得不幸,而且不赶时髦也没什么不好。

POINT 坚持"为自己做不到的事而努力"
只能降低自我评价,并不会使人幸福。

为了保护自己，请积极唱诵咒语"别人是别人，自己是自己"

我们没有必要为了自己做不到的事而努力。**但是因为看到别人在做某事，往往就会产生自己也能做到的错觉，心里就会想：**"我应该也能做到！必须试一试。"

"明明那个人能做到，怎么我就不行……"

"那个人拥有的东西我却没有……"

前面也曾提到过，像这样**拿自己与别人比较是产生痛苦的最主要原因，**你意识到这一点了吗？

比如，有个人非常擅长速记，可以听完别人的话就马上全部记录在手账或其他地方，拥有这种能力十分便利。

但是，他也感到十分烦恼，因为"自己周围的人都能用电脑盲打，自己却不会"。

我告诉他："只要下点功夫,这一点可以用速记来弥补,没什么关系吧?"但是,不知道为什么,人往往会无视自己会做的事,而是一味地强调自己不会的事,轻易否定自己。有很多人是因为与此类似的事而丧失了自信。

有一位家庭主妇做饭很好吃,能把房间打扫得一尘不染,洗衣服等家务活都能合理地分配时间,她却为了自己做不出朋友在照片墙上发的可爱便当而自卑;一位公司白领行政管理能力非常强,大家都认为他制作的资料最清晰明了,他自己却为了"无法像同事那样熟练地运用销售话术"而失落。

大家无视所有自己会做的事,而选择与别人比较后妄自菲薄,最严重的情况是有人因此患上了心理疾病。

说起来十分可惜,**病人本人非常认真地在诊室向我抱怨:"我就是个没用的人。"**

其实,只需稍微转变一下视角,问题就迎刃而解了。对于这种日积月累的细小误解,病人接纳起来需要花费一些时间。

POINT

每个人都有各自擅长或不擅长的事，没必要为自己不擅长的事而努力。

052　KO! 再见，焦虑症！

不要否定自己，
不用总觉得自己做错了什么

经常自我否定的人对各种事情都容易抱有否定的态度，简直让人想叫他们"否定大师"。

举个例子，准备求职面试的 F，在面试前左思右想："我的记忆力不太好，可能没法把自己的想法全部都表达出来。运气也总是很差呢，大概会遇到一个非常讨厌的人给我面试吧。我有点紧张，本来我就不太擅长交流，一紧张起来说话更是磕磕巴巴的了。唉，面试时结结巴巴的，一定会被对方厌恶……不对，要是惹怒了面试官可怎么办……"

在面试之前，有必要在大脑中预演一下，但如果像 F 一样想象的都是"面试的最差情况"，那么结果也很可能如他所愿。如果遇到了自己在脑海中虚构的可怕的面试官，然后把自己吓得战战兢兢地开始面试，结果自然也不会太好。

那么，为何人一旦陷入自我否定就停不下来呢？这是因为寻找否定自己的理由比寻找夸赞自己的理由更简单。

如果让我们试着表扬自己5个优点，相信很少有人能马上罗列出来，但是若让举出自己的5个缺点，大家应该都能举出5个甚至5个以上。

越是认认真真生活的人，就越容易否定或不满自己的行为，不习惯找自己的优点，不愿意表扬自己。

自我否定最大的问题在于，经过自我否定后，总让人感觉自己好像认真做了点什么。上述面试前一日在大脑里预演的行为也是如此，"自己先在大脑里预演一下，也算是为面试做了准备"，比起"什么都不想就去睡觉"来说，更容易使人产生一种自己做了些什么的错觉。

可是，如果以自我否定式的头脑预演开始，那么就需要以思考"遇到问题时应该怎样解决"结束。若非如此，就称不上什么"准备"。

但大多数人都停留在"啊，都想了这么多，感觉不太行啊",然后就结束了。这只是在假装思考对策、蒙混过关的状态,完全没有意义。就事前准备而言,还不如"什么都不想就去睡觉",这样至少不会有任何奇怪的预想。

"因为记忆力不太好,那就只记住自己真正想说的要点,用圆珠笔在大拇指指根提前写好开始的词语。"

"因为我的运气不好,就算碰到了讨厌的面试官,也算是意料之中,不算坏事。"

"即使因为紧张说得磕磕巴巴也没关系,自己又不是能说会道的艺人,就算说得不好,只要把自己想说的表达出来即可。"

"面试官让人如此紧张,可以说很差劲了。如果面试官面试时给人压迫感,说明公司的水平很低,所以这种公司不去也罢!"

诸如此类都是针对自我否定的对策和转变心态的准备,只有思考过这些,才能说自己已经做过面试预演了。

啊?不用预演?既然如此,那就什么都不做直接睡觉吧。我说过这样不会对面试产生坏的印象,可以以良好的状态接受面试。

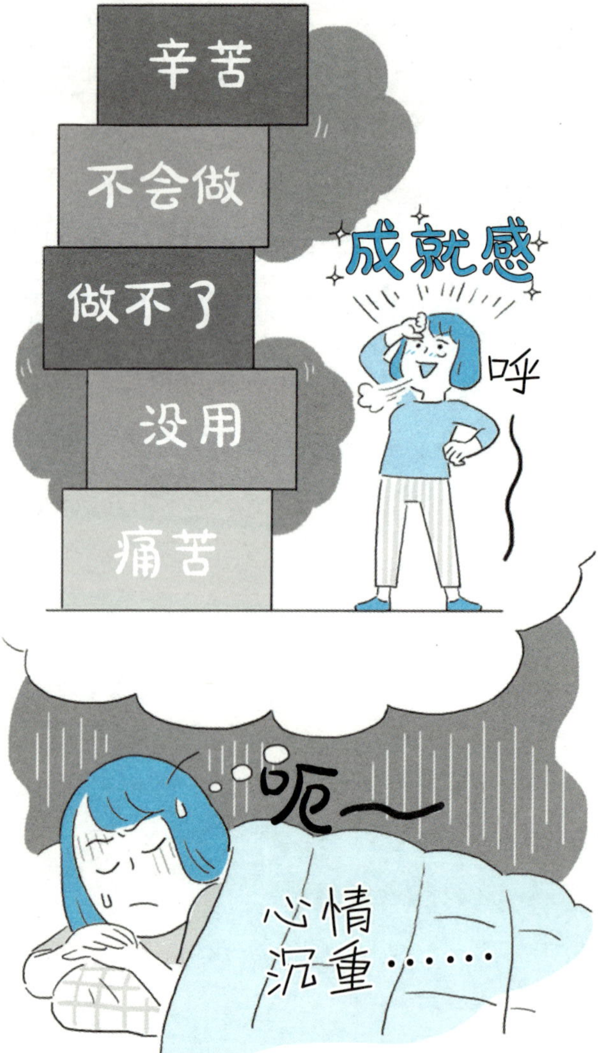
辛苦
不会做
做不了
没用
痛苦
成就感
呼
呃～
心情
沉重……

这世上有很多"不做会比较好的事"和"做了只会浪费时间的事"。其中之一便是"在自我否定中,以为自己做到了,或假装自己做到了,以此让自己安心"。

POINT　在自我否定中,以为自己做到了,或假装自己做到了,以此让自己安心——这是在浪费时间。

你知道佯装思考后要放弃做某事时选择的"废温水"吗?

上文提到过很多次,**有些自己明明做不到,其实是不想做的事,没必要因为身边的人在做就勉强自己也努力去做。**

但是,明明想做却因为觉得自己做不了而选择放弃,反而会给自己造成压力。

"了解什么事超出自己的能力范围"和"断定某件事自己做不了"本来就是两件不同的事。

如果尝试着去做了某件事,但还是做不到,我们可以爽快地放弃;**但若是还没尝试就觉得自己肯定不行,于是选择放弃,这样容易在自己心里留下一个心结。**在这里,我想举个例子,让 G 和 H 做好准备接受挑战:"不知道能不能做到,但试着尽自己所能去做吧!"就以他们能否进入热气腾腾的温泉为例。

G 看着冒着热气的温泉,感觉自己可能进不去,但还是下定决心进入浴池。虽然他竭力忍耐着高温进去了,但马上就飞快地跳了出来。然后 G 选择了放弃:"水还是太烫了,我进不去。"

H 说:"这水一定烫得没法下脚,所以我就不进去了。何况 G 也进不去。我很厉害,能冷静地判断出自己能不能做这件事。因为想象自己做不到,所以索性就不进去。应该找一下这个温泉以外的温水比较好。"

H 的说辞乍一看客观地分析了自己的忍耐力,并且判断出自己不能做到,但这种状态可以说是"用温水做借口"。

因为进不去热气腾腾的温泉,所以就选择泡进温水里。虽说都是泡汤,没什么区别,但 G 进入了热气腾腾的温泉,因为自己挑战过(无关成功或失败),出来后内心会充满满足感,在这次体验中的感受会作为教训留在心里。

而选择泡温水的 H 既没有体会到辛苦、快乐,也没遇到挫折就结束了,所以大概这件事本身不会给 H 留下什么记忆。

对于走进温水的 H 来说，就算当时有迈进热水的打算，最终在心里也会萌生悔意或自我否定感："那时要是试着哪怕用脚尖挑战一下就好了。没准我和 G 不同，或许我可以进去……"

"看了招聘信息，好像也没什么合适的公司，所以换不了工作""每天忙得没空去交流会和研讨会学习""日常工作太忙了，没有精力挑战资格考试"——有很多人因为种种借口"不得不"将自己置于"废温水"之中。大家都在编造一些"无可奈何的理由"，其实并没有为了实现自己的想法做出努力。

哪怕尝试过后发现不适合自己而果断选择放弃，也好过事后后悔，抱怨自己当时没做任何尝试。

所以，**如果心里有尝试的冲动，就不要瞻前顾后，放手去做吧。**哪怕做得不好，或是没有达到心理预期也没关系，没有人会责备你。就算拼尽全力后一无所获，至少绝对不会因为没有尝试而后悔。

从今天开始，**哪怕尝试着只做出一点改变也无妨，不要再将自己的想法置于"废温水"之中、做出深思熟虑的假象来欺骗自己的心了。**

POINT

既然想试试看，那就勇敢尝试一回。

想尝试的心情流程图

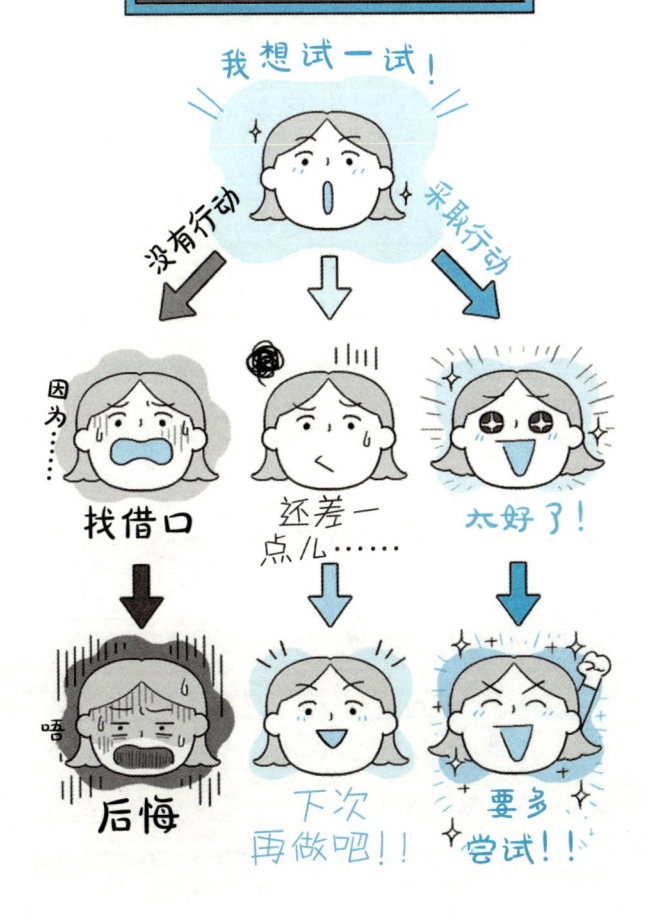

我想试一试！

没有行动 / / 采取行动

因为……
找借口 → 后悔（唔）

还差一点儿…… → 下次再做吧！！

太好了！ → 要多尝试！！

第2章 | 一种思维方式可以将幸福转变为不幸，也能将不幸变为幸福！　061

"做不到""我肯定不行"
——一张黄牌送给总想找借口的你

如前所述,"做不了的借口"一旦说出口,就有可能出现无数种变形。因为没钱、因为现在做已经来不及了、因为拼尽全力的样子不怎么好看、因为失去了自我、因为下雨、因为冷……

其实我也没有优秀到可以对别人的事指指点点的地步。我也会找各种借口搁置一些事。

但是,找借口就意味着你所面临的问题处在无法向前推进的状态,这是必然的。

我胖了,可是少吃一些会让自己积攒压力。依靠运动消耗卡路里的话,哪怕吃得多一点也没关系!那就吃完后去运动吧。不过,今天下雨,就不去散步了。不如就在家锻炼吧。说起来,想看的电视节目 9 点开始,那就看完电视再锻炼吧。不行,今天太晚了,听说睡眠不足也会让人长胖。好吧,那就从明天开始运动吧!

这样的日子周而复始,长胖了的现实永远也不会改变。

明明自己什么都没干,却像干过似的责怪自己——这种情况需要亮起红灯!

如果只是给自己找借口导致事情无法向前推进的话,这是我们每个人都容易出现的问题。

以刚刚的例子来说,如果一个人实际上并没有那么担心自己变胖这件事,那他就不会为此下很大的决心。之所以拖拖拉拉、不断推迟减肥计划,也是因为变胖给他带来的烦恼还不够强烈,说白了,并没有引起足够的重视。

问题就出在你以为自己采取了行动,然后认定自己是个失败者,并开始责备自己。这时提示你要小心的黄灯就会马上变成红灯。

"我这种体质永远也瘦不下去!"

"我永远也没办法幸福。我是个废物。"

因为你什么都没做,自然就不会有任何改变。**但如果在归咎于自己没采取行动的事实之前就开始否定自己的存在,会让自己感觉活得很艰难,这十分危险。**

在全盘否定自己之前,我们应该改正的是"给自己找借口的行为"。对没有采取行动这件事不闻不问,反而责怪自己"我很没用"!这种毫无意义的自我否定只能让自己更痛苦、更不幸。

其实,解决这个问题的方法非常简单,就是用"做"还是"不做"来决定自己找借口的事。

没什么事情是必须做的。

"自己胖一些也没关系""现在的我过得非常幸福,要不就算了吧""和一般人相比也没有太胖,所以不减肥也无所谓啦"——如果你能这样想,那么不减肥也完全没问题!请赶快甩掉自己的烦恼吧。

但是,就像前面提到的"废温水"一样,人容易为了拖延自己并不真正认可的事,而装出已经认可了的样子。

可当我们意识到:"咦,这种想法是不是就是一种欺骗性的温水，让我以为自己已经做到了？"这时哪怕采取了一点行动，之后感觉到幸福的可能性就会大一些。

即使身材依然肥胖，哪怕只做一点轻松的运动也比一点都不运动要强，"好歹我努力了"至少能给自己一些肯定。

因为比起什么都不做而言，"努力过"毕竟是绝对的事实。

我们不必成为克己主义者。

不过，为了适度自律地生活，"我刚刚在找借口吧"这种略带自省的视角也很重要。

凡事都一味地原谅自己、纵容自己的话，我们就无法成长，最终也无法获得幸福。

因此，当我们找借口的时候，可以这样对自己说：**"原来如此，我明白了，但是，哪怕做一点，什么都可以，试着行动起来吧！"我们应该像这样有意识地将自己一军。**

POINT　一味地纵容自己，我们就无法成长，也无法获得幸福。

你的"痛苦"或许来源于对失败的恐惧

当一个人给予自己负面的评价，是否都是在某件事上判断自己失败了的时候呢？

或许是因为工作上的事，又或许与人际关系有关，也可能是站在"父母""丈夫或妻子"的立场上出现的问题，又或者是因为自己与理想的状态之间存在差距。

无论如何，当一个人认为自己"失败了"，自我评价必定转向消极。当然，自我评价持续消极的话，人就会陷入痛苦之中，正因为避免陷入痛苦，"不想失败"的心情也就越发强烈了。

但是，**习惯性自我否定的人几乎在所有事情上都会认定自己失败了，与不会习惯性自我否定的人相比，积累的痛苦感会显著地多很多。**

如果一个人做什么都习惯性地认为自己失败了，那么他永远都不会从痛苦中得到解放。

失败了又有何妨？

那么，面对失败到底应该怎么办呢？正确答案就是给自己补充一个观点——**养成"失败了也无妨"的思考习惯**。

如果我说"你应该告诉自己失败了也没关系"，大家听后能马上改正"好的，我不在意"，那就没有任何困难可言了。

你可能认为这个说法相当荒唐，说到底，你为何会害怕失败呢？"因为失败了会很丢脸""因为失败了会惹别人生气""因为失败了我就不知道应该怎么办才好了"等。我想大家会举出各种各样的理由，最终总结成一句话就是，**"自己不习惯失败，害怕失败后不知道事情会如何发展"**。

举例来说，你们当中是否有人小时候在家里、山上或公园等地方和朋友一起建造过秘密基地？比如：拿来纸箱子，搭起"堡垒"；或用塑料布等搭出房顶；或从某个大楼附近搬运石头来搭建秘密基地；或把椅子搬到自己房间的角落里再盖上床单。无论是哪一种，你是否感受过藏身于秘密基地的快乐？

无论什么样的规模，因为是小孩做的东西，秘密基地往往无法长久地保持下去。房顶比想象中难搭，雨后第二天再去看秘密基地可能已经塌了，或许被谁找到后被破坏了，要是搭在了禁止入内的地方，搞不好还会被狠批一通。

受不住＝失败，但儿时的你会说"搭不好房顶""反正早晚都是要塌的""还要被别人训斥，让我打扫干净"，进而从一开始就放弃搭建秘密基地吗？

想方设法地躲过大人的眼睛，哪怕只有短暂的片刻，也要打造出自己的秘密空间——在这种时刻，恐怕你的大脑里不会出现对失败的担心吧。

其实，在你建造秘密基地的时候，正是抱着"失败了或被发现了都没关系，眼下自己高兴就好"的想法。每次暴露的时候，你都会研究更好的隐藏方法，自己的技巧也在不断提升，直到你放弃了那个秘密基地。

成年人的"痛苦"，在于缺少"失败后，思考下一次怎样做并一定要超越"的"不自量力"。

将失败看作开启下一次挑战的机会，痛苦就会消散

有很多年轻职员，因为害怕在工作中失败会辜负上司的期待，而选择逃避挑战。

本来在日本的教育中，在工作之前提倡的都是"个性""自我"，到了求职的时候，社会把"协调性""不要扰乱和谐"这种方向完全不同的"常识"强加于人，所以处在过渡时期的人们越想就越觉得诧异："怎么做才不会失败呢？"于是他们选择尽量无功无过，不引人注意。

但是，躲避挑战就意味着无法提升工作水平，重复着相同的工作也就没有机会发觉工作的乐趣。如果你选择了无功无过的工作，就很难找到工作的本质，坚持下去可能会使人感到痛苦。

反之，当你挑战某件工作，如果失败了很多次，你的上司会感到失望吗？大概率不会。

如果失败给公司带来了实际损失，在当时就会被制止。既然上司没有制止，那就说明你的行动没有太严重的问题。

挑战，然后失败，如果没有接到公司的特别警告，就可以不用顾虑"让上司失望"这件事。

不仅如此，"反正上司肯定觉得这次我也不会成功，但是这次我就要成功让他惊讶一下"——当你抱着这种态度尝试过多次之后，你会发现一开始关于企划案能否拿到企划会议上给大家看的不安感已经消失了。

失败并不意味着结束，而意味着下一次挑战的机会——在你理解、接纳这一点的时候，工作上就会少一些烦恼。

恋爱也是一样的。

曾经有一位女性朋友来找我问诊，她的男朋友是一个把暴力和辱骂看作理所当然的、非常差劲的渣男，她却迟迟无法与之分手。在交谈中，她说："如果没有他，我就活不下去。"她莫名其妙地坚信自己只能和这个渣男交往。这种男性大多会在辱骂中否定对方的人格："只有我才会和你这种人在一起。"很多人都是因为这种语言的枷锁才更加坚信自己只能和这个人在一起。

这种人一般都只和相似类型的男性交往过，或这个男性是她的初恋。所以她们害怕在恋爱中遇到其他挑战（与不同类型的人交往、与恋人分手后暂时过单身生活）。

但是，如果在经历过多次挑战失败后，还能相信即便和一个人分手了也能找到其他恋人，这样才能马上和渣男分手，减轻自己的痛苦。人们也有可能在单身后发现自己不适合和别人一直在一起。

之所以不能挑战分手，可以说，还是不习惯失败吧。

POINT　习惯失败，能让痛苦消散。

利用厌倦心理战胜恐惧和不安吧

说实话，人类可以适应任何体验。

即便你坚信如果没有了现在的生存环境，自己就活不下去，你所处的环境若是因灾害崩塌了，一年后即便有些艰难，你还是能在别的环境中生活。

最好理解的例子莫过于"一鸣惊人的搞笑艺人的一年后"了。在一位一鸣惊人的搞笑艺人人气高涨的时候，大家都会为他的搞笑段子捧腹不已。在医院里，如果我不知道当下流行的艺人，就会遭到病人和护士的嘲笑。

但是，我还没见到过有人连续很多年使用同一个梗的情况，因为大家会听腻的。

这不仅适用于搞笑艺人，对于恐惧和不安这类情绪也是一样的。

对于"害怕失败"的恐惧心理而言，多次重复相似的经历就能减轻内心的恐惧，这种方法也被用于治疗创伤后应激障碍（PTSD，Post-traumatic Stress Disorder）。

如果你不想再因恐惧而痛苦，勇于挑战自己恐惧的事是解决问题的捷径。

这是本书反复想告诉大家的一个真相。

在电车中给老人让座的失败经历

说到底，失败这种经历并不是什么被禁止的体验，也不是特殊的体验。

如果在你的身边有能干的白领或拥有幸福家庭的人，你可能会觉得"他们和我不一样，他们没有失败，真好啊"，其实并不是这样。

能干的白领也会出人意料地在小事上遭遇失败，看起来和睦美满的夫妻在私下也会有琐碎的争执。

只不过人都不愿意公开自己的失败，所以只是旁人不知道而已。

如果这样说你还是害怕失败，可以尝试实践小小的失败经历。我推荐的是"在电车上给老人让座"。

最近,好像越来越多的年轻人都不让座了。

究其原因,让座后有可能会被拒绝,所以他们害怕"让座失败"。

不管怎样,乘坐电车时,如果你碰到看起来应该让座的人,就说一句"您请坐吧",之后,只要站到远一点的地方去就行了。

如果有可能的话,可以站在旁边的车厢观察刚刚自己坐的位置,如果对方坐下了那就成功了。但也有可能你的意图未能传达给对方,座椅还是空着的。或许这种情况可以定义为"失败"。

但是,假设失败了,你的人生会遇到什么麻烦吗?什么都不会发生。

一开始你可能会有些难为情,会思考自己需要反省的地方,心情会有些低落,但过几个小时之后,这些思考基本就会被抛之脑后了。

坚持几次让座后,让座这件事就会融入你的日常生活,你的烦恼("遇到老人却没能让座""或许我应该让座给别人")就会消失掉一个。

不过，当你很疲惫的时候，也不用勉强自己。

大体说来，失败就是这么一回事。反复尝试过多次之后，你渐渐地就不会在意被人拒绝这件事了。

当你顺利让出了自己的座位，反倒有可能开始坦率地肯定自己的行为："好的，今天我做了件好事。"

成功与失败之间其实只存在着这样的差距。甚至可以说，失败是常态，正因如此，偶尔的成功才更令人喜悦。

而且，**无论成功或是失败，每一次尝试都能让人一步步地成长。**

如果自己站在上司或父母的立场上，应该让下属或孩子早一点经历小小的失败。不要因为失败对他们发火，而应该坦诚地为他们感到开心："你积累了不错的经验。"

明白失败不是件可怕的事，仅此一点就能消解很多烦恼。

POINT
无论成功还是失败，
每一次尝试都能使人成长。

由"如果失败该怎么办"转变为"等失败后再说吧"

在卷首语中,我提到过我的注意力缺陷与多动障碍的问题,其特征之一就是易冲动。脑袋一热什么都不想就做了,这样很容易导致失败。

如此一来,我就比一般人更容易失败,但是只要我认真分析自己在什么情况下容易冲动,并积极接受治疗,这种疾病对精神科医生的工作并没什么显著影响。

从这种意义上,我可以断言,哪怕自己的特征会给自己带来困扰,但只要做到了解自己的特征,思考自己能做点什么,每次失败的时候找到对策,就能灵活应对。即使拿不到 100 分,六七十分也算是达标了。在此我想强调的是"如果没有完美地拿到 100 分就不算完成——这种执念是错误的"。

在这世上既没有每天都拿满分的幸运儿，也没有每天不付出辛苦就能一切做得完美的人。

在你不知道的地方，每个人都在为自己在社会上更顺利一些准备着、努力着，经历了许多次失败，现在只是成功做到了某些事，让别人觉得他们以自己的方式做得很好（拟态）。 任何人都会有缺点，也都有无法做到的事。

因此，大家都会失败，人生不如意之事十有八九。

但是，无论失败多少次，最终只要"眼下"还能挺过去就没问题。所以，不管是对已经改变不了的过去悔恨不已，还是对随便想象出的、尚未发生的未来产生恐惧都无济于事。

失败或成功，只有尝试过才知道

如果你想采取某种行动，却又畏首畏尾、害怕失败，那么不如索性什么都不想，尽管去试试看，这样做的好处要大得多。

成功也好，失败也罢，只有尝试过才见分晓。

相信大家都遇到过这样的情况：在做一件事前会思考各种可能会出现失败的场景，希望自己能够避免。但是，大多数失败通常是以自己意想不到的方式发生的。

如果是我们预想中的失败，自己已经想好了应对办法，尚且还能应付过去。当遇到意想不到的失败时，怎么成功应对？这种情况不多经历几次是学不会的。

不如从一开始就毫不犹豫地采取行动，虽然可能会失败，但一旦成功了，就会觉得自己很幸运。

生活中遇到的波折，或多或少总会有我们难以想象的事。

既然如此，不如多想想之后应该怎么办，提高自己收拾残局的能力，这样反而有用一些。人生哭也好，笑也罢，不过短短几十年。与其把这有限的时间都用来为了"可是""因为""反正"而烦恼，在踌躇不安中度过余生，还不如从现在开始，把时间用在开创更好的人生上。

> **POINT** 没有人能每天都过得百分百幸福，也没有人任何事都做得完美。

成功接纳新的思维方式，能够更快地改变你的想法

话虽如此，大家依然会认为采取行动非常困难，这不难理解。

本书中充满转变视角的故事，旨在从根本上改变从你出生后就一直拥有的、观念中的"常识"和"生存方式"。接纳新的思想，需要花费大量的精力。

举例来说，就像一个一直生活在传统日本平房中的人，搬到最新设计的高层塔楼公寓里。本来他每天的生活都不用上下台阶，搬家后却不管去哪里都要先坐60层的电梯，一开始当然会不习惯。

究竟哪种更好，结论因人而异，但**眼下的你应该是因为感觉人生很艰难，才会想起翻开这本书**。这意味着你对自己现在的思路多少有些不满或疑惑吧。

"如果你能把本书的内容囫囵吞枣地全部看完，就能全部割舍过去几十年已经成型的价值观，生活方式也会发生很大变化！"——要是书里这样写，你很可能会否定想要改变的自己，认为"这种事怎么可能看本书就能做得到"！然后又会回到原点。

要知道，如果能成功度过这种化茧成蝶般的重大变革阶段，生活就会变得十分轻松。

人一旦成功接纳过一次新的思维方式，就如同开创先河一般，此后转变观念就都能比别人先行一步。

在当今复杂的社会中，快速转变观念是一种尤为重要的技能。

人类享受着不断推陈出新的科技所带来的恩惠，同时也不断面临崭新的问题。**当我们与各种充满负能量的言行进行碰撞时，只要我们能够快速切换思路，就不会被生活中的难题所困扰，自己都能找到应对方法。**换句话说，我们能以自己的方式保持自己的幸福。

> POINT 只要我们能够快速切换思路，就不会被每一个生活中的难题所困扰，自己都能找到应对方法。

是否越相信"人皆平等"就越痛苦？

或许这样说可能会进一步把因各种理由而感觉生活艰难的人们推向深渊，但是，生存艰难的人应该明白一件事：**人本来就不是平等的。**

这话说起来可能过于直白刺耳，我想多多少少会被这句话刺痛的人，都隐约（非常）懂得这一事实。

有些人幸运地受到环境的眷顾，有些人则不然

首先，我们不同的成长环境会使以后的个人发展产生很大的差别。

举例来说，妈妈在怀孕时是否出现过意外、出生时是否出现窒息的情况、有没有因为体重过低进入保温箱、

有没有先天的疾病……

另外，家庭资产、家庭关系、颜值、智商、父母和兄弟姐妹的人品、父母的教育理念、成长环境、和亲戚的关系、地方学校的教育体制及一起上学的同级生们的人品等，这些对塑造一个人的思想基础都十分重要。每个人的成长环境和生活环境都不同，有些人明显地被环境眷顾，有些人则不然。

这世上既有"身强体健，家里有钱，长得好看，兄弟都很优秀，朋友也都是好人，没有什么烦恼"的人，也有"生来就病弱，家里很穷，长得不好看，与兄弟之间的关系也不好，学校里都是小混混，即使有烦恼也无人可倾诉"的人。

感叹命运的不公也无济于事

"我就是扫把星转世！"无论是像悲剧主角一样抱怨自己的身世，还是高呼"即便如此人也是平等的！"都无法改变你的生存状况。

与家境殷实的人相比，出生在贫困家庭的人在经济上处于劣势。生来就身体弱的人在运动方面无法与生来身体强壮的人相比。与帅哥美女夫妻生出来的孩子相比，长相平平的人或许会有容貌上的焦虑。

但是，无论再怎么唉声叹气，都改变不了事实。

因为有些人从一出生就赢在了起跑线上。

我也希望父母是大富豪，自己不用上班，可以选择任何自己想做的事，而且自己还聪明得惊人，是个对人和善、时尚有型、完美无缺的人。

但是，无论再怎么羡慕别人，自己的情况也不会发生任何改变。

我们应该平静地接受这种不平等，只有拥有面对现实的觉悟，想一想"具体怎样做、做什么才能实现自己的愿望"，才能过上比现在更好的人生。

史努比经常在漫画里这样说：**"只能用分配到的牌来决一胜负！"**

人生向好的方向转变的起始点不是奢求自己没有的东西，而是下决心用自己手里的牌（自己的性格和才能）来参与竞争，并思考怎么打好自己的牌。

我希望大家都能懂得，**现在你手里的、你认为"毫**

无价值"的牌，随着对自己的深入了解，很有可能会成为最厉害的一张牌。

POINT　"人从来就是不平等的"
——请做好思想准备接受这一残酷的现实，利用好上天赋予自己的特质来与别人较量。

寻找方法——
利用天赐的条件，让自己变得更好

当别人做得很轻松的事自己却做不到时，我们必须放弃这件事吗？其实并非如此，我们无须放弃。

那么，我应该怎样做呢？答案就像前面史努比所说的那样，找到**"用自己手里的牌来竞争"的方法**。实际上，工作、学习能力强的大多数人条件也不是完全相同的。

以学习为例，有的人仅凭自己学习教科书的内容就能获得全部科目满分的好成绩。而有些家境殷实的人可能会让父母买来很多辅导书，或请来一对一的家教提高成绩。

或许还有人自己虽然没钱，但有幸遇到学习好的聪明朋友，让对方免费教自己，成绩才有了提高。

在这种情况下，请不要只看到自己与别人的差距，然后满腹牢骚地抱怨"因为那个人天生聪明""因为那个人有钱""因为那个人有个不错的朋友"。可以想一想"怎样利用自己手里的牌，来实现相同的条件"——这样的思考更具有建设性。

"因为不懂得学习方法，成绩才会不好，所以需要靠询问学校的老师来解决教科书上的基本问题""尽管自己没钱，哥哥姐姐用过的辅导书或许也能用，试着管他们要一下吧"——可能有人会说这些办法只不过是心理安慰而已，但嘴上说着"努力了却没有回报"的人，往往连这点功夫都懒得下。

如果和别人一样努力，却还是得不到好的结果，那么我们应该在生活中换个角度，去寻找和别人不同的努力方式。 重点并不在于说句"我做不到"就放弃，而是认清现实——"自己做不到和大家采用一样的办法"，然后找到"换个角度自己能做的事"。

POINT　在自己所处的现状中寻找自己能做的事。

当个懒人吧——
高效生活的力量存在于懒惰之中！

说起来有些唐突，我是一个非常懒惰的人，一有机会就想偷懒。

我认为在效率很低的事情上努力是没有意义的事，我非常讨厌这样做。而且，我想大家就算是为了彻底躲避这种效率很低的事，也应该当个懒人。

我们绝对不能忘记，一个懒人身上往往蕴藏着力求高效的力量。

但是，精神科的门诊患者中，有不少人有这样的想法："我是个废物，因为我贪婪、懒惰、不努力……"

话说回来，"我想偷懒，喜欢享乐，不想加油和努力，总归会有办法的吧"——这是个糟糕的、恶劣的想法吗？

答案是否定的。其实懒惰心理反而促进了人类文明和科技的发展。

举个具体的例子吧。我特别喜欢全自动的东西,大家是否也喜欢呢?只需按一个按钮就能完成全部操作,感觉像到了梦幻世界。说起来,大部分"全自动"产品的发祥地都是美国。美国人好像和我一样特别钟情高效的事物,为了能够轻松地完成一件事,他们不惜做出任何努力。

"洗衣服"就是了解美国人这个特点的很有代表性的事例。

洗衣服原本是一项重体力劳动。以前还没通自来水管道的时候,人们洗衣服需要把脏衣服搬到有干净水源的河边等地,用手搓洗、用脚踩,或者用力在石头上摔打衣服。

后来,通过改造搓衣板、洗衣桶,人们发明了旋转洗涤衣物的机器,但人们还想让洗衣变得更轻松一些,于是"电动洗衣机"就在美国诞生了。

大概是20世纪初,美国人阿尔瓦·约翰·费希尔以个人名义获得了电动洗衣机的首个专利权(虽然此前也有公司获得过电动洗衣机的专利权,但阿尔瓦·约翰·费希尔的地位相当于电动洗衣机之父)。

此后,洗衣服这项在美国被视为重体力劳动的家务改由电动洗衣机来完成，1930年以后，这股风潮席卷了欧洲。美国人的这种"为了从重体力劳动中获得解放而下功夫"的态度，对文化生活的发展非常重要。顺便一提，2009年基督教会的半官方性质的报纸形容洗衣机的发明是"从重体力劳动中解放女性的重要里程碑"。虽然我觉得这话2009年才说有点晚，但总之，要想大幅提升生活水平，"想偷懒、渴望轻松享受"的愿望是必不可少的。

动物基本上没有欲望就无法生存，如果没有食欲，就会被饿死；没有睡觉的欲望，就会过劳死；若是全人类都没有了性欲，人类就会灭亡。

我想在这里明确一点：**一个人有欲望并不意味着他有问题。**有问题的是"贪婪"。凡事都是过犹不及，用力过猛的话，即使再好的事也会带来危害。因此，**大家应该懂得凡事讲究尺度，只拿出一点欲望生活即可。**

POINT　虽然自己想偷懒，喜欢享乐，不想加油努力，但还是要试着想一想我们能做些什么。

> **不适合你的方法，不用也罢。以适合自己的做法达成目标**

总结一下，**我们可以想让自己变得更轻松一些，甚至可以说我们应该这样想。**

无论做任何事都要付出辛勤劳动，这是一种美德——这种观点是错误的。因此，**如果你告诉自己"吃苦耐劳是件好事"，强迫自己做"不适合自己、自己做不到的事"，**只会浪费时间和精力。

有些人会生气地呵斥："不适合自己就不去做，这就是在偷懒！应该不怕辛苦！"在当今的文明社会，这些人过着怎样的生活呢？

如果说吃苦耐劳的人都是优秀的，那么不自己做衣服而选择买衣服、打扫卫生时用吸尘器、查询信息或听音乐都用智能手机，这些行为都是偷懒。生活在现代社会的人几乎都是废物。

嘴上怒斥着"你在偷懒"的人,如今过着怎样的生活呢?

如果他在生活中歌颂文明,那么我认为他没有说出"你应该吃苦"的权利。即便他以吃苦为美德,过着自给自足的生活,这也是他自己的选择,和你的生活没有任何关系。

人类以追求轻松的偷懒心理为动力,才能持续发展文明。

因此,你也应该努力思考,**如何将不适合自己的方法转换成适合自己的方法,并利用适合自己的方法来达成目标。**

人与人都是不同的个体。

所以,**十个人自然有十种做事方法或目标,一百个人有一百种做事方法或目标,一万个人有一万种做事方法或目标。**

POINT 以追求轻松的偷懒心理为动力,
思考自己力所能及的方法。

事情再小也要试试看，以此获得自我满足感

"跨越一切阻碍，向着梦想前行"——这世上大多数人，包括我在内，都无法如此潇洒地生活。

大家不知不觉间就上了初中、高中，然后随大溜地上了大学，浑浑噩噩地找工作，然后开始上班。

迟早有一天，我们突然意识到："咦，自己到底在做什么？"并由此产生了烦恼。

特别是在新冠疫情开始流行后，以前的工作状态突然发生了变化，这种情况变得多了起来。经营不下去的公司也越来越多，大家因疫情不得不远程办公，于是到岗办公的工作方式也被重新审视。

有的人失去了工作，有的人换了新的工作。对许多人而言，一直以来好歹能应付得了的事情突然变得无计可施了。在如今这个时代里，人如果不认真地思考"今后的自己应该何去何从"，就会活得越发艰难。

其实，大多数人几乎都没思考过"我是谁"这个问题，因此自然就不知道应该怎样做。

因为不习惯深入思考自己不理解的事，人们最终会把问题归结为"因为我没有任何可取之处"，消极地假装已经思考过就企图停止思考。

如果你讨厌自己、觉得自己活得毫无价值，那么请重新审视讨厌自己哪一点、什么情况下自己会觉得辛苦。若是嘴上说着"辛苦""疲惫""讨厌自己"，却连这些问题都不知道，那就什么对策都拿不出来。

如果认真地想要改变，关键在于无论再小的事都要积极地尝试。

好好想一想不喜欢自己哪方面，怎样做才能让自己看起来更好一些。只要养成这种自己思考对策的习惯，就可以在开始做事时少花些力气，并且这种习惯应用的范围很广，可以运用在任何事上。

人有时候甚至意识不到是自己选择了让自己活得艰难的思维方式，最终导致失去了自我。

但这并不是你的错，只是因为恰巧没有人告诉过你还有其他的思维方式。

即便有机会学习，你也可能因为不了解改变的必要性，或者只是没有挑战、受挫，然后继续努力这种失败的经历。

眼下这一刻是你人生中最年轻的瞬间。

既然之前未能开始，那就从现在下狠心吧。

如果你能下定决心，我们就从下一章开始思考采取行动的具体方法。

> **POINT** 请重新审视讨厌自己哪一点、什么情况下自己会觉得辛苦，然后试着思考对策。

第 3 章

为了融入社会的拟态建议——"无论如何先试试看！"

江山易改，本性难移

如果你心里总想着彻底改变自己，却因迟迟无法真正行动而心中懊悔不已，本书读到这里，我不得不告诉你一个不幸的消息：**无论再怎么努力，人的本性终生都无法改变。**

我身为精神科医生，并且有发育障碍，说出这样的话是不会有错的。

我想也有人会认为，改变不好的本性不正是精神科医生的职责所在吗？在此，我想澄清一个经常会遇到的严重误解，医生其实无法完全治好大多数疾病。

或许这样说会让你感到难以置信，只有"感冒"这种短期传染性疾病（某些情况下可能留下后遗症伴随一生）和一部分疾病能用"完全治好"这个词。

症状相对来说比较稳定的情况下，医生一般使用的是"缓解"（白血病、某些癌症、哮喘等），这个词意味着治疗停止后症状有可能复发。

大家身边常见的糖尿病、高血压患者也是依靠服用药物控制病情，使病症不再继续恶化，只要饮食、生活习惯不发生剧烈变化，"完全治好"的情况非常少见。但是，你应该了解一点：**本性无法改变并不意味着你一辈子都无法改变生活方式。**

迄今为止，我们已经多次谈到过这个问题，即便你保持原本的性格、个人负能量爆棚，当面对现实生活中的问题时，只需稍微改变一下看待事物和采取行动的方式，生存便不会那么艰难，你可以愉快地度过每一天。

为此，第一步就需要我们认清自己的本质（性格和思维方式的问题、遇到麻烦时一般采取怎样的行动、看待事物的方式）。

接下来，重要的是要清楚地认识到是什么样的原因导致自己无法好好生活，并学习对应的控制方法，这样能让自己活得更轻松。

这种方法对发育障碍、人格障碍，乃至精神分裂症、抑郁症的治疗都十分重要。

大家都以某种方式伪装自己，就像扮演电视剧中的人物角色一样

在卷首语中曾提到过，我患有一种名为注意力缺陷与多动障碍的发育障碍性疾病，曾因抑郁症停过职，还是一名 X 性别人士，我拥有很多异于常人的要素。

在现实世界中，我并没有把这些情况全部说给别人听。但作为精神科医生需要诊治病人，所以我认为有关注意力缺陷与多动障碍的问题还是提前说明一下比较好，于是在接受医院面试时我把自己的情况告知了医院。但医院只是询问了："对工作会有什么影响吗？"我回答："目前正在接受治疗，并没有什么影响。"于是直至现在医院都没有再询问过更多的问题。

虽然我也有一些缺点，如容易迟到、因为粗心犯过不少错误、难以集中注意力，但是只要坚持服用药物，了解自己容易"跌倒"的情境并加以注意，我就能做到不迟到、不犯错误、集中注意力。

实际上，开始治疗之后，我已经能很好地拟态，表面上已经看不出来注意力缺陷与多动障碍的相关问题了（偶尔内心会十分惊慌）。

经常会有因抑郁症而辞职的人问我："再就业的时候，必须告知公司自己的情况吗？"

只要不是无论如何都要因就诊而请假等理由，我不建议你把任何事都向公司坦白（不包括符合残疾人条件的就业）。

因为在当今社会中，只要你说出自己有抑郁症，公司就会额外关注你，最终导致自己连能做的工作都做不了，有时还会失去一些好机会。

就像你不会将"我有脚气"或"我整过容"公之于众一样，在法律上你也没有说出来的义务（买保险的时候必须如实告知）。

如果你为了没将自己的事和盘托出而感到羞愧自卑，那只能说你误会了身边的人，以为大家都会诚实地交代自己的所有事，都活得光明正大。

实际上并非如此。

理所当然地，每个人都有不可告人的、想隐瞒的事。

很多个人隐私如果被公之于众，听到的人也会苦恼如何应对。

这很正常，**这世上每个人都在以某种方式伪装自己，扮演如同电视剧里的角色一样的人物。**

从某种意义上讲，**这是作为社会人避免社会混乱的规矩。**

因此，**我们没有必要因为隐瞒了什么而自卑，应该为自己的完美演出感到骄傲。**

> POINT　无论怎样努力，人的本性一生都不会改变，但是可以换个活法，让自己轻松起来。

强迫自己活出自我
并不是"轻松快乐的生活方式"

"活出自我"近年来变成"理想生活方式"的必备关键词。在我的患者之中,也有人声称:**"我没办法活得很自我,所以感到很辛苦。"**

可是,要想过得幸福,到底需要"自我"到何种程度?"失去自我"是导致人生痛苦的重要因素吗?

我们有必要再一次思考这个问题。

我想讲一个过度追求"自我"的人的故事(为避免暴露个人身份,细节已经修改)。

I 上中学时被课上见到的画作所吸引,在看过很多画作之后,他也萌生出想要画画的念头,于是他选择进入职业学校学习画画。

身边的人曾建议他把画画当作一种兴趣,I 却想以画画为生，认为画画就是在追求自我。

从职业学校毕业后，I 用自己学生时代打工攒下的钱成立了工作室，打造了一个让自己感觉舒适的创作环境。为了今后能以只创作自己想画的画为生，I 做好了十足的准备。

但是，人生之路遍布荆棘。

I 的画作无人问津，只卖出去了几幅。父母劝他画些"看起来有市场的""好卖的"小尺寸画作（即便如此我也觉得相当厉害了）。

但 I 一直坚持自己的方式，后来他只能靠兼职来承担工作室的开销、画具费用和自己的生活费，但是这样一来就没法专心画画了。

渐渐地，I 开始感到迷茫——"自己做这些到底是为什么呢"，最终连曾经那么喜欢的画画都令他感到痛苦，他患上了抑郁症。

可以说，对"自我"的执着反而剥夺了 I 生活方式的灵活性。

带着一些克制，表现出活出自我的样子

归根结底，"自我"到底是什么呢？

做自己喜欢的事，或许就是"自我"。

但是，为了做"自己喜欢的事"，如果像 I 一样必须把钱和时间分给别的事，就谈不上什么幸福与"自我"了。

你所做的一切，无论自己喜欢与否，一定都是你为了追求"自我"才做的，与别人无关。

任何事都应该全面看待，否则就会有失偏颇。

但是，电视或网络会把某些人只做自己喜欢的事并获得成功的部分剪辑成"活出自己的成功人生"。

这就好似只选取足球运动员射门的部分，会让人产生一种错觉：他们为了射门那一刻不断辛苦地练习、为了坚持踢足球所付出的坚持不懈的努力，这些积累都是不存在的。

说到底，**"活出自我"并不意味着"只顾做自己喜欢**

的事"。

我们应该在适应社会的同时，活出自我、让自己过得幸福。**在社会中拟态，指的就是像这样让周围看到自己"带着一些克制，乍一看活得很自我"。**

运用好拟态，让自己过得更轻松自在吧。

POINT　"活出自我"并不是"只顾做自己喜欢的事"。

练习01 事先准备好"替换面具",如"用于××的自己"

大家应该都知道灰姑娘的故事吧。

被继母和坏心肠的姐姐们欺负的灰姑娘,在舞会那夜自言自语道:"要是我有能参加舞会的礼服和珠宝就好了。"

灰姑娘也并没有说:"我就是要做自己,没有礼服和珠宝也没关系,我就这样去参加舞会吧!"

就连家境优裕、容貌美丽的灰姑娘都明白,如果不准备合适的服饰,就没有参加舞会的权利,而且自己会觉得难为情。

出席舞会这种场合,需要一定的准备和排场。这不仅限于过去欧洲的贵族社会,在现代社会也是一样的。

因此,在家邋里邋遢的人,去公司的时候要戴上"干净整洁的人"的面具；在家喜欢赤裸身体、自由奔放的人，外出时也会戴上"平时穿好衣服"的面具。

在公司总是面带笑容的人，也许回家后很消沉。有些医生看上去无论发生什么、别人说些什么都很沉稳，但一回到家就一边大声抱怨对工作的不满，一边喝得烂醉如泥。

大家都在努力地迎合这个社会，不经思考就随便忌妒别人的人往往并不会想到这些事。

比如，假设你与蛮不讲理的课长关系并不融洽，去上班让你感到非常痛苦。可能旁边的同事面对课长时却能一边微笑，一边很痛快地回应："好的，我知道了，我会尽快完成的。"

或许这样的人会让你感到羡慕："那么乐观的人真好啊，如果我也能跟他一样做个乐观的人，人生就会轻松许多吧。"

但是，你并不知道对方的乐观是否发自内心。他可能表面上一副笑容可掬的样子，实际上心里默默地想："啊，这位领导每天是怎么回事！思考如何打造让下属更加愉悦地工作的职场环境，这难道不是一个领导的工作吗？算了，也就是说说，拿那位领导没什么办法……"

我们看到出色的人就会心生羡慕，其实很多时候只要听听他们成功背后的故事，就会发现他们比别人付出多一倍的辛苦。

戴上适当的面具，行走在满是荆棘的世间

不停地介绍网红店铺的人，可能会为此花费大部分工资，其他生活必需品都需要买二手，生活过得很拮据；喜欢秀恩爱的人，实际上关系可能已经变得冷淡了。

我们能看到的是天鹅在水面上优雅地游着泳，但在水下它为了前进正在拼命地划动双脚。在这世上，大家都在外人看不见的地方努力着、承受着压力。

"凡事不努力，就能感觉非常好"的人是少数，大家都戴着面具以更好的一面示人。

在充分考虑这一点的基础上，**你应该做好准备，戴上适合自己的、不会有所勉强的面具，在这满是荆棘的世上生存下去。**有些人虽然感到生活很艰难，却不擅长佩戴伪装自己的面具。

但是，只要我们努力去一点一点地实践"模仿世界的技巧"，就不会在盲目地羡慕别人不用努力上浪费时间了。

从"改正"缺点到"减弱缺点的影响"的小手段

这世上没有完美无瑕的人。

而为了改正缺点去努力是个相当有难度的目标，几乎是不可能的。

无论我们多么讨厌自己的缺点，再怎么努力去改正，都不可能让缺点完全消失不见。

因此，我的建议是，**"为了隐藏缺点，用一些小手段来削弱缺点的影响（戴面具）"**。与完全改正缺点相比，使用一些小手段是不是要更简单一些呢？

或许有人会觉得用"小手段"这个词是不是没有解决根本性问题呢？

举例来说，假设有个人脾气急躁，听到别人说不中听的话，就会立刻爆发，怒斥对方。这样的人自然不会很招别人喜欢。

对于这种人来说，需要在哪怕脾气急躁一些也不会被周围人讨厌上下功夫，比如只需沉默数秒，避开愤怒的峰值。

生活艰辛与否，取决于能否做出努力。为了减轻我们在生活中的痛苦，大家应该多掌握一些小手段。

POINT

你应该做好准备，戴上适合自己的、不会有所勉强的面具，在这满是荆棘的世上生存下去。

练习02 "但是""话虽如此""反正"——停用"3D"[①]就能解决八成问题!

前面提到过,**人之所以觉得生活艰辛,大多是因为自己的思维方式出了问题。**

因此,为了让自己活得轻松一些,我们只能改变思维方式,如看待事物的态度、遇到困难时怎样行动等。

可是,如果能轻轻松松地做到这么复杂的事,大家就不会拿这本书来看了。

"从明天开始,请这样去思考,就能让生活变得轻松!""好的,我明白了。我已经开始这样思考了,是的,十分轻松!"——如果能如此简单,这世上就没有什么

---

① 3D:日语里"でも(但是)""だから(话虽如此)""どうせ(反正)"开头假名都属于だ(DA)行,故称为"3D"。

烦恼了。

说实话,即便突然让我改变思维方式,我也是做不到的。

因此,首先我们应该试着强迫自己刻意改变一些"行为"。**第一步就是要有意识地将"语言"稍加改变。**

其中,我称作"3D"的词语改变起来最有效果,但也出乎意料地有难度。让我们有意识地尽量不说这些词吧。

为何不能用"但是""话虽如此""反正"?

请逐步练习不在一句话的开头使用这三个词语。从一天几次开始练习也无妨,总之要先行动起来。

实际上,很多人只是想象一下自己不说"但是""话虽如此""反正"这三个词都会觉得非常困难。但是,如果你能在对话中不使用这些词语,就会发现各种肉眼可见的变化。

说得夸张一些,**"人生会发生巨变"。**

原因很简单。**因为,这三个词语都是"否定",它们**

的共同点在于否定一切，因此我们需要进行对话姿态的改革，尝试控制自己一次，不要一开口就否定。

当看到"人生会发生巨变"时，你是否在想："反正我做不到……"

你看这本书明明是希望改变自己的人生，但这句话出现的那一刻，就把我后面要讲的事全部否定了。渴望尝试的动力也悄然消失了，无论我再怎么劝说，你的大脑都会认为"我做不到"，并没有做好接收信息的准备。这本书好不容易才看到了这里，浪费了钱、时间和体力，实在是可惜。

"但是，我想要获得幸福！我想活得更轻松自在！"如果你还能这样想，这种否定是允许的。请再继续往下看一点吧。

在诊治过程中也经常会有这样的情况，无论精神科医生给出多好、多了不起的建议，只要患者的回答以"3D"开头，这些建议就不会被接受。

"我总觉得上司的语气好像在责怪我。"

"那你就想办法让自己尽可能地无视上司说的话吧。"

"但是，上司就坐在我的旁边，这肯定做不到！"

这样一来，就没有思考办法的空间了。

很多筋疲力尽的人都习惯于像这样立刻否定别人。因此，**诊治时我会对患者说："要不要试试看禁止'3D'？"好坏暂且不论，我会和患者一起确认他们使用"3D"的频率。**

我会语气轻松地提醒他们："啊，刚刚你说了'反正'吧？"

如果患者已经完全依赖"3D"的话，若是一下子禁止使用这三个词，可能对方就无法进行对话了。因此，我让他们在对话中使用"3D"的时候无论如何都要事先说明一下，比如"大夫，接下来我要使用'但是'这个词了"，等等。

仅仅是停止使用"3D"为何就能改变人生？

仅仅排除"但是""话虽如此""反正"这三个词语，真的能让人生发生变化吗？

实际上，**对于感到活得很艰难的人来说，这样做可**

以解决他们的八成问题。之所以这样说，也是因为大多数烦恼来源于"对现状的不满"。

我反复地说过，解决这个问题不是件容易的事，只能选择**"改变现状"**或**"改变接受现状的方式"**。

举例来说，假设你对朋友抱怨："啊，要是收入再高一点就好了！"朋友听后回应道："那你再找一份收入更高的工作不就好了。"于是，你就会说出"3D"："但是，不可能随随便便就能找到条件那么好的公司的。"你们的对话到此结束，问题没有解决，不满也依然存在。

当你又意识到工资的问题时，大概又会继续抱怨："啊，要是收入再高一点的话……"

那么，如果不说"3D"会怎么样呢？

"那你再找一份收入更高的工作不就好了。""但是……不对。那种工作好找吗？""你可以先去看看求职网站。""这样啊，嗯，我去试试。"

于是，你在求职网站上试着搜索，或许真的能找到收入不错的工作。当然，大多数情况下没那么容易就找到。

于是，可能你又会回到不满的阶段。

"我稍微在网上浏览了一下,换工作好像需要花费很多时间的样子,算了,先努力做好现在的这份工作,再时不时地上网找找看吧。"

"我找了找发现,条件好的地方没想象中那么多,我发现现在的工作给的工资不算少了。"

"工资高的工作有倒是有,但是好像比现在要忙一些。或许在某种意义上这份工作还算不错了……"

这些情况都意味着现状没有任何变化。

即便如此,也能缓解一些你的不满和烦恼。

因为,你没有说出"但是",而是尝试了对方的建议,于是你便有了机会衡量目前自己隐约不满意的工作和其他工作。

比如:"原来现在的求职环境是这样的。""我是否有必要不惜代价地换工作?""不,其实自己不用那么拼命吧?""是努力一把还是维持现状呢?经过衡量还是维持现状比较好。"等等。

经过衡量,自己有机会能够了解、接受"隐约的不满具体到怎样的程度"。

换言之,"接纳现状的方式"发生了很大的变化,虽然事态并没有改变，但你对目前的工作的不满已经减弱了，就相当于幸福了一些。

人在不了解"现状"的情况下，想要打破僵局却不知如何是好，这很容易让人产生束手无策的艰难感。

停止使用"3D"，停止接连的逃避，人生自然会发生很大改变。

停止使用"3D"，"现状"将大为改善！

停止使用"3D"后，我们对现状的接纳方式会发生变化，不满多少能减轻些，有时甚至能化解。

效果不仅限于此。**因为他人对你的评价会发生变化，"现状"发生巨变的可能性也会增大。**

如果你能换个立场思考，给自己提出建议，就会立刻明白这是为什么。

一直以来，当别人提出建议——"这样做怎么样？"你就会用"但是……""话虽如此……"等各种理由立即做出否定。如果站在对方的角度会有什么感受呢？

对方的心情可能不会太好，"我好不容易为你认真想出来的办法却遭到否定""这个人听不进去别人的话"。

对对方来说，反正认真提出意见你也不听，想来想去都是在浪费时间，于是对方也会用"反正"来否定对你的感情。

若是对方随意应和一句："嗯，是啊，工作很辛苦吧，我明白。"结果也是一样的，说明对方已经不愿再认真地思考你的事了。

这样下去，获得好的建议的机会就会越来越少，因为再怎么努力为你思考也是白搭。

和你一样，对方也是人，也会有厌倦的时候（如果你也认真地提出建议，别人用"但是"来否定你，之后你还会认真地为对方想办法吗？我是不会的）。

所以，已经习惯说"3D"的人，从谈话一开始就造成了巨大的损失。我经常对患者说："无论你怎样否定我们的建议，只要你说自己很痛苦、不知如何是好，我们精神科医生都会继续给出建议。"

反之，在朋友面前你并不是患者，他们不会像精神科医生一样对待你，所以朋友可能会回答你："哦、嗯。"

没有人愿意和拒绝自己所说的每件事的人认真讲话，

因为和不断否定自己的人聊天并不是件令人高兴的事。

因此，**频繁使用"3D"的人无论是在工作中还是在生活中都会失去让自己变得更好的机会，就会越发对现状抱有不满。**

在我看来，尽快离开这个怪圈绝对有益无害。

停止使用"3D"，更有可能获得建议

其实，我们向别人征求意见，往往得到的都是前言不搭后语的答案。

"最近总觉得有些抑郁，有没有适合这种时候看的书推荐一下？""嗯，我很少看书……欸，不过情绪低落的时候我推荐你××乐队的音乐！听完马上就能打起精神了！"

尽管如此，如果你的回复是："那我就在YOUTUBE上找来听听，谢谢！"对方就会很开心，你也能给他留下积极的印象。

或许之后对方恰巧从别人那儿得知一本好书，就想到了你正在找相关的书籍，于是去书店买来，等下次见

但是……
话虽
如此……
反正……

哇……

出现了——
3D攻击!!
让对方和自己
灰心丧气!!

面的时候告诉你:"这本书不错!"如果在一开始你给出的回应是:"但是,你说的是音乐啊,我都说了想要书了……"那就没有下次的机会了。

眼下给不了你想要的答案的人,下次未必给不了。停止使用"3D",可以避免丧失这种可能性。

POINT　停止使用"3D"("但是""话虽如此""反正"),仅仅做到这一点,人生就会发生很大改变。

练习 03　试着使用"原来如此"代替"话虽如此……"

"3D"不可放在语句的开头,反之,有些词语说出来能够让我们受到机会的眷顾。

最有效的就要数**"原来如此"**了。

成功人士之中,很多人把这个词当作口头禅。

"我推荐你××乐队的音乐!听完马上就能打起精神了!""原来如此!听听好的音乐,好像的确能舒缓情绪呢。"听到自己的意见被肯定,对方会很高兴。

"的确如此""我明白"这些词语也是一样的。

无论如何,只要对方给出意见后觉得很开心,心里就会想:"和这个人说话很高兴,让我心情很好,如果有什么好消息的话,我会告诉他。"

如此一来,只要能增加被消息和机遇眷顾的机会,心怀不满的现状就能慢慢地发生变化。

仅仅是改变一个用词,未来即将发生的事就会发生翻天覆地的变化。

这个习惯不用花钱且有益无害,能够让你和身边的人慢慢地向积极的方向转变,所以请务必试一试。

POINT　成功人士用"原来如此"当作口头禅。

练习 04　不能用计算得失来停止"改变自己"

人在要做某件事时,基本上都会想象一下行动引发的后果。

比如,假设我想吃甜食,这时,未来的所有可能都会在脑海中闪现:"这个时间吃会发胖吧""最终导致我穿不进去自己喜欢的衣服""如果衣服穿不进去,可能就不得不重新买衣服了",等等。在所有事情闪现在大脑中之后的选择,就是计算得失的结果。

我应不应该吃甜食呢?

① 吃,然后用运动来弥补,把吃过甜食这件事一笔勾销。

② 吃,等胖了之后再说。

③ 不吃,忍耐一下。

是找什么方式进行弥补，还是忍耐一下呢？我们会在大脑中衡量得失，自然而然地选择出"在当时看来最有利的选项"。

只不过这种得失的计算不一定总能得到正确答案，甚至有时是丧失机会的借口。

只要不改变行动，现实就不会有变化

虽然有些难为情，但我还是想举一个我自己的例子。从学生时代开始，英语就是我的弱项。很多年我一直想着"我得重新学英语"，但一直未能实现。

之所以实现不了，还是因为自己在用计算得失来找借口。

的确，我的英语很差，但其实在日常生活中英语对我来说并不是必不可少的。即便不会英语，我也能工作。有需要时，我还可以用手机里的翻译软件，总能应付过去。自己很难确保有时间学习英语，而且还需要花钱，对身患注意力缺陷与多动障碍的我来说，能够不迟到、不忘记上课太难了……

最终,我的结论就是"不学"。按照这样的状态,我大概永远也不能开始学习英语。我也是个没用的人。

打破习惯,在生物界意味着有接近死亡的危险

包括人类在内的所有生物原本就没什么意愿去改变习惯。

栖息在干燥地区的动物们恐怕不会接近大海。在树上生存的动物都会避免回到地面上。动物如果离开了自己习惯了的生存领域,很容易就会在瞬间被其他动物吞噬。

打破习惯,在生物界意味着有接近死亡的危险。

因此,**人类也是如此,只要计算得失,基本上会朝着"不改变一直以来的习惯"的方向发展。**人们总是会想方设法让自己的选择变得理所当然,说服自己不改变习惯是正确的选择。

但是,正如在树上生活的猴子回归陆地之后进化成人一样,**如果不在某个方面打破习惯,就不会产生新的**

变化。

换言之,不在衡量得失上胡乱下结论,迅速采取行动,有可能获得更好的结果。

得失的判断未必准确。

采取新行动后按照得失计算可能会有所损失,但或许能就此开启一个全新的世界。

把自己没开始学习英语的事放在一旁,可能完全没有说服力,但只要大家能迅速行动起来,至少可以不用再去为做或不做而烦恼。

> **POINT**
> **哪怕预计会有损失,**
> **展开新的行动或许能开启一个全新的世界。**

练习05 从"好麻烦啊"变为
"总之先试着做5分钟吧"

前面已经说到过,人很难改变一直以来的习惯。

"我要改掉坏习惯",这话嘴上说着简单,但大家发愁的是如何去做。

作为一个行之有效的方法,**我推荐大家试着开始一点一点地养成"推进目前暂停中的事的习惯"。**

大家试着具体想一想,有哪些是"现在总感觉要暂停"的事。

◎ 确认没看过的书籍

◎ 清洁、整理个人物品

◎ 注销不用的信用卡

◎ 使用即将过期的积分

◎ 整理用不上却一直放在钱包里的积分卡和手机里下载后没用过的 App

◎ 与不去的健身房解约

我能想出来的事情就是这些。总之,要下定决心,哪怕只做一项,哪怕只用 5 分钟,也要行动起来。

其实,试过之后你会发现,大部分事项都能很快结束。哪怕一天做好一件事也无妨。

如果你感觉自己可以逐渐由一件事增加到两件事,那就去做吧。

一旦养成了习惯,之后你就会像一个已经开始转动的齿轮一样。

只需稍加力量,你就能行动起来,解决掉那些"明知道应该去做,却迟迟无法着手"的事。

虽然仅仅是迅速解决掉困扰你的一些小事,却能让自己知道"我能做到"。这可以提升我们的自我评价,让我们比现在过得更充实。

> **POINT** 下定决心,哪怕只做一项,哪怕只用 5 分钟,也要行动起来。

练习06 把"今天发生的好事""令人开心的事"等记录下来

如果你找不到想要推进的事，我的建议是**"写日记"**。

说是日记，其实不用太过正式。

总之，让我们先从**把"今天发生的好事"或"令人开心的事"等记录在记事本或者手机里做笔记的应用程序上吧。**

所谓好事，完全可以是一些微不足道的事。

比如"中午在便利店买的新口味饭团很好吃""看到路边的蒲公英，不知为何打起了精神""在家附近发现的小猫很可爱""回家路上的满月很美""在电车里给老人让座，对方对我表示感谢"。

这些小事可能小到你会怀疑写出来有没有意义，那也没有关系，请尽量多想一些吧。

只要你能坚持一周，本来以为人生每天都充满了艰难，但回看自己的记录，你就会发现："咦，或许每天都有很多幸福的小事！"

马上行动起来，能让我们在良好的自我评价中度过一天。

请务必尝试从小事中改变，进行自我肯定式的洗脑，把自己向正向引导。

POINT　将"今天发生的好事""令人开心的事"记录下来，定期翻看。

练习 07　消极—积极式思考，并写在纸上

如果你遇到事情第一反应都是消极的，那么就把开始时的想法看作好的。

我们无法阻止大脑出现消极的想法。

但是，我们可以在大脑中增加一个习惯：立即用积极思考覆盖住消极的想法。

比如，"要早起好痛苦啊……说是这样说，但现在我还是起来了，真了不起！""不要去上班……虽然这样想，但现在我还是去坐电车了，今天的我太厉害了！太棒了！"

我称这种思考为"消极—积极式思考"，通过这样自言自语，也能很大程度上改变这一天的心情。

请消极的人一定要试着努力成为能够"消极—积极

式思考"的人。

要想提升效果，如果在大脑中无法顺利地用积极思考来覆盖住消极的想法，我建议大家写在纸上。

要想写在纸上，我们就需要把负面的想法表达出来。

然后再汇总自己的想法，看看怎样能用积极思考来覆盖住消极的想法。

在这个过程中，当你开始觉得"嗯，我没必要为了这种事卑微到如此地步吧"，那么感觉自己那些消极的想法很荒谬的日子就很快到来了。

就当是被骗了，请你一定要试试看。

POINT　练习将消极的想法、念头转变为积极的思考。

练习08 学习能够自然地称赞自己和他人的方式

如果你学会了"消极—积极式思考"（没有完全掌握也没关系，只要稍微会一点就没问题），可以尝试着运用在人际关系上。

很多经常自我否定的人，都不习惯别人称赞自己。

因为习惯自我否定的人总是用"我没有别人称赞的那么好……"这种想法来否定别人的夸奖。

他们有一种观点就是**"别人比自己优秀"**。

因为，比起表扬自己来说，称赞他人对他们来说更为简单。这个练习的目的就在于，**"在称赞别人的同时，也要自己夸奖自己"**，可谓一箭双雕。

比如："我今天说了句'不愧是您'来称赞那个烦人的领导。我真是个心胸宽广又待人和善的人。""今天我坦诚地表扬了一个不中用的下属的提案，夸赞他的主意不错。虽然不知道最终结果如何，等出问题的时候再想对策吧。因为今天的一句话，自己的领导力有所提升。"

赞美自己不喜欢或难以相处的人，在心理上的确很难。

但是，只要想一想最终结果是在表扬自己，人就能自然而然地开始实践"称赞"了。

被称赞的一方并不知道其中的缘由，想必会因你的称赞而开心吧（除非对方内心非常扭曲或是你的称赞方式很不自然）。

最终，你将一步步地接近那个自己心目中的**"值得被对方称赞的自己"**。为了自己能得到表扬，请学习一些自然地称赞自己与他人的方式吧。

POINT　通过赞美自己不喜欢或难以相处的人，最终表扬了自己。

练习09　培养坦诚地接纳自己的情绪的习惯

如果你觉得很难做出一些积极的行为，只要注意在陷入"谷底"后用"消极—积极式思考"强行向上拉自己，就没什么问题。

为此我们应该掌握"消极—积极式思考"。

当自己得到表扬后，请试着有意识地扭转自己的消极心理，比如，"没什么大不了的……但是，能被人表扬还是很开心的！""我还差得远……但是，刚刚的称赞让我有了继续努力的动力！"等等（在这里"但是"是在否定消极的想法，所以可以使用）。如果不在大脑中进行想象练习，就无法闪现出积极的想法。因此，从此时此刻开始想象练习吧。

只要对对方的称赞表示感谢，你就会成为一个"**值**

得称赞的人"，能让对方更想表扬你。

或许对原来的你来说，这是一种高估，但被人高估并不会有什么困扰。

"要是被高估了，下次失败的时候可能会让对方失望……"像这样对未来的事感到悲观是在浪费时间。

不要在意上升的评价还会下降，**只要现在的自己是快乐的就好。我们需要养成坦诚接纳自己情绪的习惯。**

大家都是凡人，没人能预知未来。

谁也不知道你今后会不会失败。

以失败为前提做事就会导致失败，召唤失败的是我们自己。所以，从今天开始，绝对要杜绝这种得不偿失的行为。

POINT　目标是成为一个让对方更想表扬你的、"值得称赞"的人。

练习 10 用"无差别问候"给别人留下好印象

实际上,有个小手段在很多场合让我的生活变得更轻松。

我大力推荐**"无差别问候"**。

也就是说,早上遇到别人时说声**"早上好"**,如果别人为自己做了什么要说声**"谢谢"**,无论自己多辛苦、多累,打招呼是必不可少的。

仅仅这一件事,就能把人从非常低落的情绪中释放出来。

我自己在医院就实践了这种无差别问候,效果非常不错。

当我被派往新的医院时,只要遇到人,哪怕是不认识的人,也会说一声"早上好"。

为何要这么做呢,因为我非常苦恼在新的环境中构建人际关系。

我分辨不清别人的长相,还总是认为"在别人眼中自己一定是个怪胎"。我多年以注意力缺陷与多动障碍为基础进行思考,曾经有一段时间,即便自己有想法,却什么也做不了。虽然我没有恶意,但如果心中不快,被别人讨厌也是理所当然的。

但是我希望能扭转别人对我的印象,从"完全不了解的怪人"转变为"虽然不太了解,但经常问候我的人"。我行动了起来,结果,我感觉在新的工作岗位上混得还不错。

或许有人会说,和完全不认识的人打招呼,如果对方不做回应的话岂不是很尴尬?但是,我并不在意有没有回应。仅凭着打招呼,对方对我的印象就会有很大改变。

每天带着笑容对你说"早安"的人和每天都擦肩而过却对你视而不见的人谁比较好呢?我想大多数人会选择前者吧(我想也有人会觉得后者比较好,因为前者会令人有压力)。

实际上，越是难以相处的人，我越要和他打招呼。

"嗯？！"起初对方也会觉得困惑，持续一段时间后就会作出回应。

不知是不是因问候有了交集而产生了熟悉感，或是无意识地，我不会像以前那样觉得对方"不好相处"了。

我想，不管对方如何，如果自己感觉和对方接触没那么难了，这就比什么都不做要强。

POINT 主动"无差别问候"别人，可以助你摆脱坏情绪。

练习 11　在所有对话中，避免别人说完就立即回复

在这里，你能做到的小手段只有"练习在所有对话中，避免在别人说完话后就马上回复"。

说实话，人在生气时很难控制自己的情绪。但是，在气头上回复别人，有时不经意的一句话，有可能让自己与对方的关系变得更加复杂。

因此，如果你一直都是别人说完就立即回复，应该试着养成在回复对方之前做个深呼吸，然后再说出自己的不满的习惯。

因为心中烦恼，无论怎样努力都很难克制情绪。但是，如果能深呼吸后再开口，就有可能做到。

现在，有一种小有名气的方法名为"情绪管理"，这种方法也提出先"静止几秒钟"很重要。

人类的情绪在萌生的一瞬间最为强烈,停下几秒钟,哪怕只是一次深呼吸的时间,情绪就能从峰值有所下降。

与立即说话相比,冷静一瞬后说出的话在气势上会弱一些。

仅仅凭借这个小手段,可以成倍减少人际关系引起的纠纷。

比起设定"无论对方说什么都不生气"这种不可能实现的目标,自己找到并掌握这些小手段更容易实施且不至于放弃。

POINT　即使怒气冲天,也要尽量在停顿几秒之后再开口说话。

练习 12　**反复模拟不愉快的场景，让大脑厌倦**

在大脑中无数次模拟让自己感到愤怒的场景也很有效，很多人并不知道这个方法。

可能你会怀疑这会起到反作用，前面提到过，人类具有"习惯"效应。因某个梗迅速走红的搞笑艺人很快就会被大家厌倦，热度无法持续很长时间。

在利用这种**习惯效应**的治疗方法中，有一种**"暴露疗法"**。有医疗机构就是利用这种疗法治疗兴奋剂依赖症患者的。

治疗方法是，首先为患者准备一个能打针剂的房间。但是一开始会向患者说明"针管上没有针""针管里放的只是很像兴奋剂的结晶（岩盐）"。可因为外观上很相似，所以大家都会很开心地给自己注射（大家的态度真的很

第3章｜为了融入社会的拟态建议——"无论如何先试试看！"　143

认真）。如前所述，针管是假的扎不进去，吸上来的液体也是盐水。因此，对患者来说，能体会到一种自己仿佛已经注射了的氛围，却体会不到真正的快感。但是，刚开始大家会表现出"全身舒畅"的反应。这种现象是由于大脑在模拟后错误地识别出："按照这个顺序，我应该会有这种舒服的感觉。"之后，经过反复虚拟注射，渐渐地大脑就会厌倦。然后大脑中会出现一种新的印象："即使注射了，也完全感受不到快感。"由此削弱病人对针剂本身的渴望。只是，要想走到这一步需要无数次反复这个过程。

无数次想象令自己生气的事，能够减轻实际发生时带来的打击

那么将这种方法用在令人焦虑的事上会如何呢？

试试看无数次想象自己被上司训斥的画面吧。

起初当你每次想起的时候，可能会一下子就恼怒起来，但重复多次之后，大脑会渐渐厌倦了发火，你会觉得"好像也不值得那么生气……"

像这样习惯之后,即便在实际生活中上司说了什么令你生气的话,对你来说随之而来的不快感已经不是什么新鲜事,会把这些看作小事来接纳。

可以说,**让大脑厌倦令自己生气的事,是最为简单快捷的对策。**

有些人即便体验过多次相同的事,还是无法"习惯",生气的感觉会一直持续。

这种情况下,很可能根源在于边缘型人格障碍或注意力缺陷与多动障碍等。

众所周知,在这些疾病的作用下,人面对相同的刺激,每次都会分泌相同水平的多巴胺等神经递质,会很难适应刺激,因此上面的方法很难奏效。

符合这个症状的朋友请尝试咨询能提供帮助的精神科医生。

> POINT 让大脑厌倦令自己生气的事,
> 是最为简单快捷的对策。

练习 13　去睡觉吧，不要胡思乱想

我还想推荐一个压抑愤怒的方法——睡觉。

当遇到烦心事时，喝一碗温热的饮品，汤或其他的什么都可以，然后去睡觉。睡一晚之后，大脑中的情绪就能冷却下来，人比睡前会冷静一些。

如果因愤怒、悲伤或恐惧而睡不着，持续一周以上就应该考虑借助药物睡觉了。但是，注意不要喝酒，酒会影响睡眠质量。

古代有个词语叫作"卧薪尝胆"。这个词来源于一个故事：越王勾践为了让自己铭记所受过的痛苦和耻辱，在坑坑洼洼的柴草堆上睡觉，经常舔舐吊在天花板上的苦胆，以时时提醒自己要努力报仇雪恨。反观这个故事就会发现，人类这种生物如果不把自己逼到这种程度，一觉醒来就会忘记很痛苦的感受。我们应该更广泛地运用这种能力。

POINT

睡一晚就会忘记不开心的事。

第3章 | 为了融入社会的拟态建议——"无论如何先试试看！" 147

练习 14　成为他人自觉关照对象的小手段

在这世上,有些人很容易受到大家的关照。比如,有些人总被别人照顾:"你身体弱,我帮你拿这件行李吧。"

如果遇到这样的人,应该观察为何身边人都愿意去关照他,而不应为此感到忌妒:"我身体也并不强壮,怎么没人帮我?!"

总得到别人关照的人,会留心让对方感觉到"能帮助他真好"。比如,他们会面带微笑、开心地向对方表达谢意——"谢谢您"。或许你会认为这也太简单了,其实不会正确道谢的人出人意料地多。而对方得到回应后就会觉得"帮助他太好了""下次如果有事,还会帮助他"。

但是,如果是用蚊子一般的声音哼出"谢谢",下次自然不会有人愿意再帮忙。

POINT

如果别人为自己做了什么，应该面带微笑、开心地向对方表达谢意。

谢谢你帮我搬东西！！真是帮了大忙了～

没事没事

东西太多了！！

这么感谢我，下次还会想帮她！

第3章 | 为了融入社会的拟态建议——"无论如何先试试看！"

练习 15　向人提出请求时，应从一开始就示弱

有些时常被关照的人从一开始就会示弱，从而向别人提出请求。

比如，"对不起，说起来有点不好意思，我不太擅长做这份工作。不知道能不能做好，做完后能麻烦您帮忙确认一下吗？"

其实，这样说可以让对方获得满足感，他们会觉得"我的能力可以派上用场"，从而提升了他们的自我评价。而且，他们大概还会想"这点小事算不了什么，有需要再告诉我"。

如果你在观察后意识到这点，请试着想一想自己的言行举止是否也是这样的。如果自己没有做到的话，就应该意识到："之所以别人不关照我，并不是因为我和时常被关照的人有什么不同,只是自己没做给人感觉需要关照的事。"你可以根据是否适合自己,来决定今后要不要像时常受到关照的人那样做。这样一来,至少能让你摆脱无谓的忌妒或自卑感,不至于再为自己没得到关照而感到不快。

如果你憎恨、厌恶或忌妒一个人,可以试着去观察那个人,并向他学习一些小手段。

有些小手段可能并不是对方有意而为之,但取长补短一定会对你有裨益。

但是事实上也有些人仅凭着"人设"就能得到大家的关照。举个简单的例子,就是年轻、可爱的女性会受到男职员的呵护。

但是这并不算是"关照",只是别有用心而已。就算你想与之抗衡,如果对方年轻又漂亮,你就不会有胜算。

说到底,在这种情况下,被关照是不是件好事都很难说,反而容易陷入感情纠纷之中。

把这些都看作与自己无关的、另一个世界的事,迅速从负面情绪中抽离出来吧。

POINT　多多汲取他人的优秀品质。

练习16　当别人说出负面的话语时立即召开"脑内会议"

当别人说的话你不爱听时,**"脑内会议"**是一种能轻松应对的有效技巧。假设有人对你说了一些刻薄的话,比如"真是个废物啊""所以说你不行"等。

听到这些话想必你会很受打击,感觉很愤怒吧?这时可以在自己的大脑中开启"脑内会议"。议题就是:"这句话我需要接受到何种程度呢?"因为是脑内会议,所以在大脑中可以试着让各种各样的自己发言,进行充分的探讨。比如,像这样:

我A:我认为他说我是废物这句话是不对的!因为平时我都有好的成果,应该有受表扬的机会!

我B:既然如此,为何上司要说那样的话呢?

我C:他就是个急脾气,一发火就不由自主地说出无礼的话。他对别人也总这么说，并不只是针对我。"

我D：不说这个了，今天午餐吃什么？

我B：原来如此，那么是不是可以得出结论，刚刚那句话没有必要完全接受？

我A：我觉得是这样的。

我C：但是，我们应该确认激怒对方的原因，下次要注意。因为最好还是避免让他生气。

我D：喂，午饭去哪里吃？

"脑内会议"需要在别人说出难听话的瞬间进行，不知道你能否做到如此详细。其实，只要自己能够接受"没必要在意这些话"的观念就没问题。

接下来，你只需要像往常一样做事就好，不用担心，尽可能地不去在意。

当你越是在意，对方仅仅是在你身边，你就会很容易犯类似的错误，压力也会很大。如果你做某事时，垂头丧气地觉得做了这件事自己就完了，那么你还容易再次犯相同的错误，所以，应该迅速转变自己的观念。

POINT

自己用「脑内会议」来转变观念。

练习 17　把自己夸得天花乱坠的人最终会成功

你会给予自己多少赞美呢?

因为人际关系感到活得很难的人,有时会过分寄望于与他人的关系。

就像那些选择与上司坦诚相待的人,其实在心里是抱有某些期待的:"只要我这次努力了,最终会让我和上司的关系变得更好,他会开始表扬我的。"

遗憾的是,别人并不会像你所期待的那样称赞你。

不称赞你并不代表这个人不好,只是因为没有人会比你更关心你自己的事。

因此,大多数人对于"赞美他人哪些要素"都比较迟钝(你希望某个人能表扬自己,当你想称赞对方的时候会发现自己没有仔细观察过。从这个意义上看,你们扯平了)。

培养自己成为一个能够欣赏、赞美自己的人

想让别人夸赞自己的时候,请先以自给自足的精神表扬自己吧。

或许你觉得自己没有值得表扬的地方,既然如此,别人就更不可能表扬你了。

因此,我们应该培养自己成为一个能够欣赏、赞美自己的人。

可以从歌颂"生活中了不起的事"开始。

比如,早上起床后可以这样表扬自己:"今天也按时起床了,真厉害!""洗完脸了,太好了!""正在去上班的路上,天才!""没有迟到!太神奇了。"

就算迟到了,也可以表扬自己说:"仅仅是出勤就已经很厉害了,令人感动!"

你可以在大脑中随心所欲地举出自己值得表扬的地方。

这样夸奖自己听起来有点傻气,但大脑是能给予正

确反馈的。

为了能获得更多夸奖,你的心态会变得积极起来,或努力地工作,或做一些让自己高兴的事。

反之,如果从早上开始你就一直在责怪自己,会怎样呢?

"又到早上了,真烦人啊……""洗脸真麻烦。""上班好痛苦……""按时上班不迟到不是理所当然的吗?""迟到了……太倒霉了。"

按照这种思维方式,哪怕发生了好事,你也会习惯性地捕捉负面信息,导致自己的嘴角渐渐下垂。所以,你应该立刻停止责怪自己,提醒自己"运气也会跟着下降"。若是从早上就开始产生这些消极的想法,会让起床变得更加困难,也更不想去公司了,最终,你会让自己每一天都活得越来越辛苦。

对于手拿这本书的人来说,这绝不是什么令人高兴的经历吧。

POINT 以自给自足的精神表扬自己。

练习 18 当思维僵化时，请在大脑中设定其他人格

"说了这么多，我还是无法停止消极思考"——对于这些人，我的建议是**在大脑中设定其他人格**。

提到其他人格，可能大家会想到多重人格，其实不用想得那么夸张。

做法就是为了请人代理做自己做不到（自己认为的）的事情，想象如果另一个人是自己，他会怎样做。

听起来可能有些复杂，其实这与大家在小时候玩过无数次的"角色扮演游戏"是一样的。

军队扮演游戏、光之美少女扮演游戏等，这些大家应该都玩过吧。有可能没有明确的角色，就像"过家家"游戏一样。

小时候摔倒后会在心里默默地想："不疼！游骑兵

要是遇到这点事就不会哭！"然后就真的没哭；不得不去医院打针的时候，是否会在心里设想要是光之美少女的话就不会害怕，然后就真的忍耐下来。就连平时不会一起玩的、比自己年龄小的孩子，也能一起玩"过家家"。

人会通过各种角色（工作或职务等）转换游戏，一点一点地拓宽自己的思路。

比如，当妹妹或者弟弟出生时，自己在家庭中的地位就会发生变化，于是我们就会告诉自己——"我是姐姐（哥哥），所以会陪着妹妹（弟弟）玩的"，然后逐渐适应这个角色。

也就是说，人们通过"角色扮演游戏"或"告知自己的职责"，可以提升思考的高度。

因此，总是不由自主地消极思考的人，在某种程度上可以"扮演积极思考的人"，从而模拟积极思考。其他人格也可以用自己方便联想的名人或喜欢的角色等。

下面我举一些想象的例子，请大家参考。

在大脑中设定松岗修造[①]

"真不想起床啊……"

"我理解！非常理解！但是，相信自己，你一定没问题。睁开眼睛，没错，眼睛睁开了。接下来请坐起来，你能做到，一定能！"

"好，你做到了。接下来试着洗个脸吧。洗完了？太好了！你真棒！"

"趁着这个劲头快把衣服穿好。啊？不知道穿什么？穿昨天那件也不会有人注意到的。你能说出昨天身边的同事的领带是什么图案吗？说不出来吧？所以没关系的，出发去上班吧！"

"到公司了吧？你太棒了！虽然说着早上起不来，这不是也来上班了吗？趁此机会，快查阅一下邮件吧。好的，打开邮箱了？看了吗？你在看吧！能回复吗？是不

---

① 松岗修造：日本前网球国手。1998年隐退后以其丰富的经验与热血人格，活跃于体育播报领域和演艺界。

是让你在一定期限内必须完成某事的回复？现在去做吧，你能做到！嗯？要跟上司确认一下？那就现在去确认吧。现在上司不方便？那就写在便笺上。现在马上就做！思考什么时候做太浪费时间了。现在做的话马上就能完成！现在去做吧！"

在这种势头的鼓舞下就能开始工作了吧。请按照这种感觉遵从大脑里松岗修造先生的指示。如果大脑里没出现松岗修造先生，你可能还赖在被窝里。大脑里有个松岗先生真不错！

在大脑中设定松子·DELUXE[①]

"昨天失败了，大家都会笑话我吧。真不想去上班……"
"我说你啊，大家哪有那么闲！不会管你是不是失败了，也不会谈论你什么！你觉得好像大家看到了，你是不是对自己太自信了？既然这么自信，那就成功给大家看嘛！"

---

① 松子·DELUXE：日本专栏作家、评论家、女装艺人、主持人。

"有人说我坏话，好难过……"

"喂，总说别人坏话的都是些没自信的人。无论这些没自信的人说些什么都无所谓啦。就让他们说去吧。他们说来说去你钱包里的钱会变少吗？嗯？要是坏话传开了会怎样？和说别人坏话、嘲笑别人的人交往，意义何在？完全是浪费时间，有为这点事愁眉苦脸的工夫，不如今天回去打扫打扫房间如何？"

就用这个劲头去打扫房间吧。我建议可以打扫卫生间。因为卫生间面积比较小，用时较短。干净整洁的卫生间通常能让人心情更好。

POINT "扮演积极思考的人"，从而模拟积极思考。

练习 19 | 假装自己憧憬的人就在面前

我和一位朋友在通讯软件上一直不停地做着"扮演千金小姐的游戏"。

虽然只是双方交谈的语气完全模仿千金小姐的样子,但自从引入这个谜一样的游戏后,我和别人之间不必要的纠纷或争吵几乎都消失了。

或许仅仅是因为语气或文风粗鲁,人与人才容易吵架。

不过,冷静地想一想,两个一把年纪的社会人交谈的语气都是"前几天我买了一个游戏呢""哇,好棒啊!我这个月已经玩儿过了就不能再买了""好可怜呀……但是你一定能好好节约,下个月就能买啦!我为你加油哟""有你的鼓励,我一定会努力的"等。两个人就这样兴致满满地模仿了4年左右。

聊着聊着，我心中甚至生出一种别样的从容："不能对正在苦恼的人说一些过分的话！不如助他一臂之力！"

我觉得，如果我们能用平常的口吻流利地说出或者打出这些话，那么大多数复杂的纠纷就不会存在了。

顺便一提，开始这"扮演千金小姐的游戏"的契机是我听说了一个故事——"有一批被德军俘虏的法国军人，凭借着虚构他们身边有少女，大家才保持礼节度过了俘虏生活"，听后我才想要试一试。

故事梗概

在第二次世界大战中，一群法国军人因被德军俘虏而心灰意懒。军人之间经常会因为一些琐碎的事发生小冲突或吵架。

其中有人提出了一个建议："我们就假设这里有少女吧。"大家都惊讶不已，纷纷说："要是这里有少女的话，我们在少女面前都是绅士，但是现在却在面目狰狞地争吵不休，真是荒唐。所以，我们的言行应该做到不在少女面前丢脸。"

> 开始时,尽管处境艰难,大家还是会把本来就少的饭菜分出一份给虚构的少女,如果有人用污言秽语互骂,其他人就会介入"这可是在少女面前"。做俘虏的日子很难熬,但大家还是为了虚构出来的少女,过生日时尽自己所能地准备礼物,难过的时候也留心不让少女担心。最终,俘虏们都没有死,都保持着尊严平安无事地回国了。可喜可贺……

遗憾的是,这并不是真实的故事。

原作是一位叫科林·威尔逊的作家在《至高体验》[1]中引用了法国作家罗曼·加里的小说《天根》[2]里的小故事,慢慢地以不同的形式传播开来(原本的故事中不是少女,而是贵妇人,而且俘虏的是英军,在互联网的作用下,这个故事不断地产生变化)。

但是,这个故事含义颇深。

的确,假设现在你面前有个你不想在他面前出丑的人,很多事情如果不懂得收敛那就完了。

---

[1] 原版书名为 *Super Consciousness: The Quest for the Peak Experience*。
[2] 原版书名为 *Les Racines du ciel*。

不管是贵妇人、少女，还是自己喜欢的人或偶像，对象无论是谁都可以。试问，你会在心仪的人面前抱怨自己早上不想起床、不带手帕就出门、在公司不工作而是絮絮叨叨地抱怨个不停、嘲笑他人的失败、歪七扭八地仰着一边看手机一边吃饭吗？

请试着选一个你绝对不能在他面前做这些事的人，只用 30 分钟假装自己心仪的那个人在场。

掌握一些快乐、开朗、积极生活的小手段

像这样，假装自己心仪的人就在身边会怎么样呢？**一直以来自己讨厌做的事、懒得做的事都变得有趣了起来，看待事物的方式也发生了变化。**

仅仅是开始这种假装游戏，就能让生活少一点困难，可以说是性价比非常高的一种解决方法了。

上面的这些功夫都是为了让自己活得更加轻松快乐、积极乐观的小技巧。不要再用痛苦的方式去接纳痛苦了，这样只会让你活得更累。

让大脑吸收各种有意思的想法，选择自己喜欢的、

适合自己的方法试着去实践吧。

在生活中，像合气道那样将痛苦的事轻松化解掉，是件有益无害的事。

你的人生需要什么、不需要什么都应当由你自己来决定。**其实，你的人生中没有任何一件事必须从别人给出的选项中进行选择。**但是，不要忘记在选择自由的背后，总是连带着责任和义务。

因此，自己做出的选择就要自己承担责任，这样就不会涉及"让别人做主后出了事而不知如何追究责任"的问题了，所以最好还是不要让他人掌控自己人生的主导权。

POINT　让大脑吸收各种有意思的想法，
　　　　选择喜欢的、适合自己的方法试着去实践。

练习20　从人生中清除无关的流言

这世上有些人的缺点是：总是轻率地、在不考虑对方感受的情况下，将自己的想法脱口而出。对于这种说话不经大脑的人，如果你每次都为了他们的言语忽喜忽悲，精神上就会不堪重负。

"这个人具有这样的特点，所以他说的话应该听信几分呢？"——我们可以依据对方的特点来思考应对方法。其中有一些人几乎不会说出什么忠告。如果这些人提出忠告的话，那就需要认真听一听。即便说出的话相同，依据说话人的不同，话语的分量也会完全不同。相同的话语，分量却不同——这同样适用于突然给你传递讯息的人。

假设有人突然告诉你："前几天你的女朋友和一个不认识的男人走在一起了呢。"一般人听到这个消息大概会震惊、担忧："到底是谁？！"你可能会大为光火地找女朋友问个究竟。其实，先想一想说出这话的人平时是个怎样的人再行动也不迟。如果他是个不管事情真假就马上到处嚼舌根的人，可能你就没必要立刻生气地去质问女朋友了。

但是，如果这个消息来源于平时不会谈论是非的人，那你就应该认真、冷静地思考一下自己应该如何行动了。无论如何，马上质问女朋友是不会有好的结果的。其实仔细想来，那个男人可能是她的兄弟，或者是父亲、亲戚。就算那个人是公司的同事、业务上的客户、同班同学，她和其他男性边走边聊也是件很平常的事。仅仅是听别人一说就冲动行事，最终大概不会有什么好结果。

这与你听到"谁说了你坏话"的消息是一样的。比如，假设有 100 个人认识你，其中就会有一两个人说你的坏话。请你明白，不可能让所有人都喜欢你，这是再正常不过的事了。无论是你还是我，都会有人认为我们不好。

但是，本来有些话不会传到我们的耳朵里，既然我们听不到，那么这些讯息就都是无关紧要的。只要你不知道，就可以说这些讯息不存在。

把别人说的坏话都一一告诉你的人，也让人很困扰。

可能本书的读者之中也有人会觉得"我想知道别人都说过我什么，我很感谢告诉我的人"。但是，要说知道后心里会不会轻松一些，我认为这些传到我们耳朵里的讯息都没有什么用。

在听闻别人说了自己坏话之后，我们可以召开脑内会议，如果得出的结论是"没必要在意这些话"，那就最好赶紧忘记。说到底，如果这些话没传到你耳朵里，连这种脑内会议都省了开了。

另外，如果你自己总喜欢把流言告诉当事人的话，也需要在脑内会议中问问自己："应该把这种话告诉ＸＸ吗？"如果不是什么大不了的事，那就把流言封存起来吧。

搞不好很有可能你会被人怀疑成流言的制造者。谣言是负面的对话，它的传播不会给任何人带来幸福。你至少应该从人生中清除掉自己身边的谣言，这会让你的人生更加充实。

> **POINT** 谣言是负面的对话，
> 它的传播不会给任何人带来幸福。

练习21　有时"逃避"和"放弃"也是一种选择

一直以来，我虽然强烈主张"即便心中不情愿也要先行动起来"，但是**在弊大于利的情况下，就需要我们做出判断，考虑尽早止损、保持距离。**

这对于总拿毅力说事的人来说尤为重要，他们无论遇到多么痛苦的事都把"不能逃避"挂在嘴边。在他们眼中，放弃就是失败，应该一次又一次地迎接挑战。

不放弃、不逃避、坚定不移地相信自己，或许这种心态是令人钦佩的。但如果"不放弃"的对象是"朝着不切实际的方向努力"的话，如果不立即转变方向，一辈子都得不到自己真正想要的结果。

因此，在必要的时候应该选择"逃避"或"放弃"。

有些事即使努力也无济于事，及早止损，让自己活得更轻松一些吧。

POINT
如果是「朝着不切实际的方向努力」的话，应该立即转变方向。

第 **4** 章

让生活更加轻松的
心理习惯

缓解生活压力的小习惯推荐

在本书的最后,我从习惯这个角度总结了一些建议,想把除了小手段之外的一点诀窍介绍给大家。

这些都是我平时给患者们的建议。大家不用全部尝试,可以迅速浏览一下每一部分的内容,如果有哪些建议让你眼前一亮,就可以随便尝试一下,轻松对待即可。若是尝试后发现自己做不到的话,停下来就可以了。

没必要把这件事想得太复杂,"既然医生这样说了,那我就稍微试试看吧"。我希望大家能用这种态度去尝试。

如果你认为某个方法正好适合你,那么请坚持下去,培养成习惯,我想它们能帮你缓解生活的压力。

以下就是我的建议。

习惯01　用"揉面"来缓解愤怒

任何小手段都无法抑制住我们对某件事产生的愤怒之情。

愤怒的情绪会像岩浆一样，潜伏在我们的内心深处，无法彻底消除。即使能够避免当场爆发，也总是存在大爆发的危险。

这就需要我们转变观念，利用岩浆的热度，让温泉沸腾。

我给患者的建议就是**"揉面、做面包"**。

一位患者告诉我，做面包相当耗费体力，将无处发泄的愤怒揉进面团里，可以消耗掉用来积累愤怒的体力，于是我就把这个方法推荐给了各位患者（除了面包，汉堡也可以，凡是需要体力的、能承受住我们的力量的原材料都可以）。

或者你可以在地板上砸碎百元店购买的盘子，或是用力捶打毛绒玩具、被褥、沙袋，还可以一个人去KTV高唱自己喜欢的歌曲，等等。为了避免情绪大爆发，从物理方向发泄情绪，愤怒就会得到缓解。

另外，还有一些在职场上能够轻松实现的方法，比如**"办公室扫除""整理桌面""把不要的文件扔进碎纸机"**等都很有效果。

还有一些需要花钱的方法，比如在回家时顺道去健身房、击球馆等，让身体运动起来也是不错的选择。

最近，健身房里的拳击运动很有人气，拳击时在心里想象着打一顿那个人的脸，效果会更加显著吧。

比起做一个下意识地当场发飙的人，另找场所释放愤怒更有益于身体健康。从追求和谐的社会生活的角度出发，我也推荐后者。

将这个方法坚持一段时间后，我们自然而然地就能够只在心里切换情绪的开关了。

POINT　将愤怒转换成物理能量释放出来。

习惯 02　引入"自我监测"

本书反复强调"无论如何,首先要客观地审视自己",对此不得不提的方法之一就是**"自我监测"**。利用这个方法,让我们养成正面思考的习惯。

我想介绍一下自我监测的方法和习惯的养成。

方法本身很简单,**在睡觉前或一天中的某一时间,回顾当天的自己,给自己打分,然后把分数记录在本子上。**

以评价学习为例,可以添加学习时间、学了多少等内容。很多心中有烦恼的人,容易因自我否定而给自己打很低的分数。

比如,"今天在公司犯错了,今天是 0 分"。

但是,只因"在公司犯了错误"就给自己 0 分,做得更差的时候就没有能给的分数了,所以要注意不要给自己打太低的分数。

话虽如此，刚开始的时候，可能只是练习不要因自我否定就给自己大幅减分就已经很难了。我们可以把一天的满分设定为100分，最差是0分，倒霉：30分，有点倒霉：50分，平平常常：70分，有点幸运：80分，人生最开心的日子：100分，像这样大概定个指标，然后试着给自己打打分吧。

其中打0分或30分这种太低的分数需要认真地记录下原因。打0分给出的理由应该是"出家门后突然因交通事故住院了"或是"在大地震中受灾，失去了所有财产"这种等级的，一般很难遇到。所以请注意，这些指标需要由大家自己来制定，但唯有0分制定时需要注意一下。

自我监测是冷静观察自己的工具

像这样持续一段日子给自己打分，大致就能看出些眉目了。

50分的日子可能就是因为下雨了，或是上司心情不好。我想，打分打到一个月左右，你就开始担心100分的日子会不会到来了。

我并不想让你提心吊胆地等一个月的时间，所以，首先我要告诉大家的是，**100 分满分的日子几乎是不存在的。**

可能在你眼中，周围人每天都能有 100 分，但其实，在别人看来你也能得 100 分。集中精力走路的前辈，在上下班途中踩到酒鬼的呕吐物也不是完全没有可能。别人一天的分数除了他自己，谁也不知道。所以，不用为了自己分数低而感到失落。

自我检测可以作为冷静观察自己的工具加以运用，每天记录下自己大致做了什么和打了多少分数，隔一段时间回过头看一看，你会发现"当时自己那么痛苦，但现在已经好多了"，或是"当时觉得累得不行了，现在一看也没什么大不了的"。

但是，如果是在没有任何知识储备和方法的情况下，不停自我否定的人做自我检测会让自己越来越痛苦。因为他们给自己打分非常严格。在此，就需要引入**"培养正面思考的习惯"**的方法了：在基础分数旁边添加一项"硬性赞美自己的加分"，并写上加分理由。

虽然犯了错，但被自己发现了，加 10 分；没有企图糊弄过去，加 10 分；下决心今后要努力，加 20 分……

这样多少能给 30 分的日子加一些分，加分越大胆越好，结束一天的时候，一定要让自我评价有所提升。

就算完全没有分数的依据也没关系，也不用认为这样不诚实、无法让你更加自信。

回想自己的一天，然后硬性表扬自己，给自己加分——你只需像修行一样，坚持在一段时间内平静地重复这个过程。

现在你可能觉得这是在自我欺骗。其实人就是这么神奇，哪怕**仅仅是勉强养成正面评价的习惯，也能减少自我否定的倾向。**

生存是一件艰难的事，自然会遇到情绪非常低落的日子。

即便如此，如果你能在心中告诉自己："虽然很不开心，但今天也要找时间做好自我检测 + 自我表扬。"那就说明你已经掌握了这个方法。

一开始，你可能会因为认真斟酌分数花费不少时间，但习惯了之后，可能几分钟都用不了。习惯于自我否定的人请一定要试试这个方法。应该说，要想改变人生的话，你就需要进行这种思想改革。

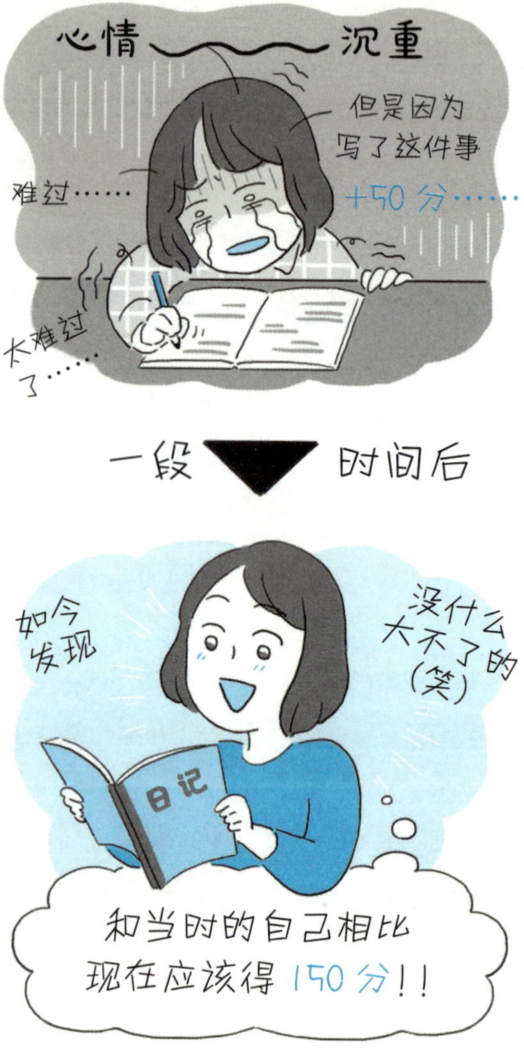

POINT

用自我检测培养正面思考的习惯。

习惯 03　**尝试写出度过怎样的假期会让自己感到后悔**

你是否经历过在假期即将结束时,暗自后悔自己的假期就这样度过了?

如果这种后悔的情况格外多,你可以试着一一确认自己认为怎样的假期过得没有意义,这样能解决一点问题。

比如,你可以这样写出来:

◎ 没有出家门。

◎ 没做饭,点了外卖或用便利店盒饭凑合了事。

◎ 只是玩游戏、看漫画、刷视频就过了一天。

◎ 临时取消了出门计划。

◎ 出门了,但嫌麻烦,什么都没做就回来了。

◎ 傍晚才起床。

这些不被自己认可的行为会给自己造成压力，因此，我们应该试着努力改善，少做一些自己觉得不太好的事。

不过，我们还需要回想一下，那些后悔的感觉来源于自己真心认为不能这样做，还是仅仅为了怕别人嘲笑自己才觉得不行。

其实，无论是什么都不做一直发呆，还是整天玩游戏，这些都是放松身心的方式，只要能给接下来的工作带来活力就完全没有问题。

如果你没能像大家一样度过一个值得在社交网站上晒一晒的充实假期，就为此感到自卑，那可以试着把"假期不看社交网站"当成一种习惯。

每个人都有适合自己的度假方式，若是把"过和别人一样的假期"当成目标的话，那就不能算是"你的假期"了。

POINT　假期可以做些自己想做的事。

习惯 04 用"能给内心带来满足的事物"来填满自己

有没有什么你确信可以讨自己欢心的物品或行为？我们应该准备几种对策以便在内心疲惫不堪的时候拯救自己。

对我而言，**在精神紧张疲惫的时候，能够拯救我的方法之一就是"吃品质好的肉"**。为此，我的冷柜里总备着马肉刺身。

顺便一提，不要过多地向社交网络上那些看起来很开心的人学习。

活跃在社交网络上的、看似在现实生活中很充实的人总会成为很多人艳羡的对象，所以，乍一看他们所做的"令人快乐的事"可以成为能满足你内心的一种选择。

但是，本书曾提到过很多次，做某件事能否恢复精神、能让人多么幸福，只有当事人自己知道。对有些人来说，社交网络不仅没有参考价值，还会使其产生忌妒和焦虑："连这么差劲的人都能做到这种事了吗？"这样的人就不要参照社交网络来寻找能满足自己的东西了。

如果你是"愿意饱览别人分享的回忆"的类型，看到大家在社交网络上分享的旅行或其他快乐的体验后，自己也会很开心，或是享受这种身临其境的感觉，那么积极地查看社交网络也是有意义的。

让我们避免消磨精神的行为，积极地寻找、实践"能给内心带来满足的事物"，试着每一天都把自己填满吧。

POINT　了解哪些物品或行为能让自己心情变好，然后用它们来满足自己的内心。

习惯 05　当不再被流言蜚语左右时，你会变得更快乐

"××说过……"

"据说××是这样的人。"

我在前面的章节中曾经说过，在意别人的流言蜚语百害而无一利。假设田中告诉你："山田是这样说你的。"于是，你在一气之下表达了自己的不甘心："山田还做了……还敢说我。"在这种情况下，你觉得田中不会把你的话也讲给别人听吗？他难道不会告诉山田"那个人是这么说你的"吗？接下来只能猜测到山田还会说你的坏话。

人们总是习惯把自己的见闻添油加醋地讲出来（因为这样会更"有意思"）。

因此，坏话经过不断地渲染、扩散，变得越发滑稽可笑。而散布流言的田中不断在双方之间散布两个人的坏话，没有任何损失。

不受过分的人的行为摆布

这世上真的有人的所作所为离谱到让人想问问他为何要这样做，他们总是以破坏身边的人际关系为乐。

这样的人可能会解释为"因为觉得很有趣"，"相信别人的传言并做出反应"就意味着被他们这种愚蠢的想法所左右。

就算是为了你的幸福，也一定不要再受这些过分的人摆布。

或许在本书的读者之中，就有人会下意识地做出这种举动。当你传播别人的流言时，你的品德会变得越来越低劣。无论身着多么高级的西装、学习多么高深的知识、结交多么有名的人物，这些都是你的外在表象，无法完全覆盖住你的内核。现在马上悬崖勒马吧。

如果内心变得像臭水沟一样，再怎么用除臭喷雾也掩盖不住污水的臭味。但是，只要你意识到了就没关系，可以从今天开始清理心中的臭水沟。只要停止做这些事，就能比现在更加美好和幸福，这是一件最轻松不过的事了（比开始做一件新的事要简单。可能需要一点点的勇气）。

顺便说一句，对受害者来说也需要这种感觉。如果在内心像下水道一样的人的身边感觉很难受，你应该在心里想着"啊，这个人的内心像下水道一样"，同时若无其事地与其保持距离。

被那种人耍得团团转的情况真是太荒唐了。你也没有必要为他们清理内心的水沟。

POINT 检查一下自己的内心是否变成了臭水沟。如果是，清理一下就可以。

习惯 06　不理会别人的非议与中伤

这世上没有人能永远不会被人恶意中伤，并且被所有人喜爱。哪怕是好感度第一的名人也绝对有"黑粉"存在。

黑一个人即使没有特别明确的理由，也会用一些"总觉得看他不顺眼"之类的轻描淡写的理由来打击那些看上去不会反击自己的人。真是可怕啊。

其实，在日常生活中本来那些攻击你的话语你是听不到的。在现实世界，很少有当面攻击的人，直接攻击你的人本身就是"危险人物"，所以没必要理会（这种人很难对付，所以我认真地奉劝大家收集证据并与其保持距离，躲避这种人）。如果是在社交网络上的攻击，自卫可以利用拉黑、屏蔽等功能，或是关闭社交网络。

但是依然有人"克服困难"把这些非议、中伤告诉了你，这真让人烦恼。话说回来，为什么人不能在听到别人说自己坏话的时候置若罔闻呢？

那是因为自己对于那些非议感到心虚。

因为完全与自己无关的、没有任何事实依据的事被人说坏话，人们不会有任何反应。能戳中"自己内心在意的弱点"的坏话最能起作用。

说得难听一点，如果一个人很在意自己身材瘦弱，当别人说他"像猪一样""这么胖有你能穿的衣服吗"，他会认为这是在说自己的坏话吗？大概不会吧。

在这种情况下，能起作用的坏话会戳中你的烦恼，比如"你瘦得跟排骨一样""分不清是男是女""这么细的手腕，掰手腕连女人都掰不过吧""像你这样不穿内衣都没关系吧？真好啊，省钱了"，等等。

自己在意的事情被别人直截了当地说出来，人的感情会发生强烈的波动。

如果你的反应是生气、哭泣，对方就会说出更多让你生气、流泪的话。

忍不住想要反驳的时候，只在心里挖苦对方

那么，在这种情况下，真的有什么方法能让人内心毫不动摇并且加强对非议和中伤的抵御力吗？方法是有的！

只有一种方法，那就是**无论别人说什么都置若罔闻**。

只有让内心坚硬起来，无论别人怎么说都置之不理，就不会再有坏话能影响到你，你也不会再受到造谣中伤的打击。

但是，如果无论如何都想反驳，那就停留在只在心里挖苦对方的地步。

胖/瘦="哎！你就是个以貌取人的人啊。你的世界是不是太狭隘了，我都替你担心……"

长得漂亮/不好看="哎！你就是个以貌取人……(以下与上述相同)"

性格不好="要说性格不好，可比不了你这个背后说人坏话的人！"

有钱/贫穷="用金钱来衡量这世上所有事，你这样的心灵才贫穷得很吧。"

地位高 / 低 = "一天到晚比较这些事，你不累吗？"

聪明 / 不聪明 = "用自己的标准去评价别人聪明与否，这就是聪明人干的事吗？"

应对非议和中伤最有效的方法就是"漠不关心""毫无反应""置之不理"

话说回来，非议和中伤本来就是为了让你受到打击，你的反应越大，就会越正中对方下怀。

对于非议和中伤最有效的回应是"漠不关心""毫无反应""置之不理"。

如果你也要以牙还牙的话，就会变成和对方一样粗俗的人，因此，通透豁达、无意识的钝感力都是能保护你的身心的必要精神，这也是一种坚韧不拔的精神。

最快、最有效的就是寻找让自己的精神变得坚韧不拔的方法。说起来很简单，你是不是认为只有本性乐观开朗的人才能做到，所以现在就想把这本书扔掉呢？

不管是什么样的人，只要还有心，就有可能患上抑郁症。所以，不管本性是乐观还是悲观，如果"赤手空拳"

地挑战别人的非议或中伤就会生病。

在这本书中,我只是想反复告诉你如何在这个残酷的世界中生存下去,这些都是好方法,只要将其放在大脑的某个角落里,哪怕只有一个,你也能更加幸福。

请立即放弃从正面对峙那些非议和中伤,要知道"逃离"才是正确的方式。

非议分为两种,一种是实际问题就出在自己身上;还有一种是无凭无据的恶意指责(对方的臆想)。

如果非议的原因在于你自己的行为不当,比如态度恶劣、说话难听、轻视别人等,这种情况下,你需要认真、客观地审视自己,积极地做出反省、改正。

如果置之不理的话,在今后你会失去很多人的信任,所以,我认为在此应当直面非议,不应听之任之。

如果是毫无根据的非议,选择无视就不会有伤害,所以就无视它吧。

对于网上的恶评,反应特别强烈的人就输了

在网络上,匿名是理所当然的事,所以总是充斥着

各种恶评。在推特等网站上，也时常有人写下冷嘲热讽的评论，置之不理不会有任何损失。很多情况下，反应特别强烈的人就输了。看到别人写出一些胡编乱造的东西时，我们难免想去反驳，但你的一句反驳很可能收到100句辱骂，这就是网络世界。

这种毫无意义的争执，会在自己和多个人之中的某个人之间没完没了地持续下去。第三者看到这种争执往往会感到不快，而且会对你竟把这种人当对手感到失望。最终，吃亏的只有你自己，一个人满盘皆输。

在网上被人恶语相向的时候，可以先使用拉黑或屏蔽功能。如果你被对方拉黑或屏蔽了，我也不建议你反应过度。因为对方既然使用同样的工具，也就拥有和你一样的权利，可以拉黑或者屏蔽你。

在拉黑、屏蔽对方之后，就绝对不要再去浏览对方的账户了。 特意去看本来已经看不到的人，对你来说没有任何好处。对方只会发布一些进一步攻击你的话，比如"把我拉黑了，看来是逃跑了"，没有看的必要。

反之，**如果你被别人拉黑了，也没必要再写一些斥责对方、表露自己受到伤害的话。** 对方越是差劲，你就

越要宣扬自己把他拉黑了，以此来证明自己的正当性。即便对方在现实世界中也与你有关联，如果你把网络中发生的争执在现实生活中抱怨给身边的人听，也会遭到身边人的厌烦。在现实生活中也悄悄地与在网上起争执的人保持距离吧。**如果只是在网络上交往，那就更不用说了，既然彼此不合就应该斩断联系**，网络的人际交往不过如此。

在现实世界也是一样的，要想应对别人的中伤，就需要有抗争到底的觉悟。在下定决心开始后，只会浪费很多的时间和精力。即便在毫无意义的争吵中获胜，也不会有任何收获。

这样的话，还不如没有这种觉悟，从整体上看这完全是徒劳的，所以就此停止吧。

POINT　只在网络中的交往，
如果双方不合应该当断则断。

习惯 07　**允许适当地花钱
让自己开心**

在一些人的眼里只有节约、存钱、浪费可耻，但他们有自信说没在花钱方式上迷失自己吗？

其实，这世上有非常多的人因为没有把钱花对地方而痛苦。没有钱的确容易让人内心压抑，但是节约过度的话，会让每天的日子都过得很辛苦，人生会变得更为艰难。

越是自己认为在金钱方面很清醒理智的人，就越应该检查自己是不是已经迷失了方向。请你看一看自己的花钱方式是不是像下面列举的一样（有人平时某种程度上也给自己花钱，同时也会勾中下面的选项）。

◎ 害怕给自己花钱，会产生罪恶感

→ 但是会给家人花很多钱

◎ 不提前给未来存钱就焦虑

→ 结果给自己买件衣服、买食品都会犹豫

◎ 大家有的东西，自己也必须拥有

→ 强行购买自己并不想要的东西

◎ 购物应该选择特价、有优惠的时候

→ 在打折时甚至会买一些不需要的东西，有时吃不完就扔掉了

◎ 自己没能力买昂贵的东西

→ 大量购买便宜货，核算下来也花了不少钱

这些情况到最后基本上增加了无谓的支出。

即便如此，只要钱够用倒还好，但有时会产生很严重的问题。比如，削减了体检或保险的费用，虽然能省下几万日元，但一旦之后生病了，就要花更多的钱治病，结果就彻底打赤字了。

还有些主妇"为了家庭"在花钱上很节约，最终却因为自己做出了牺牲却不受大家重视而抑郁。或许多少花一些钱来放松心情，能让她们过得更幸福。

特别是在为了育儿倾尽全力的情况下，一旦孩子离

家独立生活，父母就很容易产生这样的想法，这种状态叫作**"空巢综合征"**。这种情况需要有意识地逐渐扩展注意力集中的范围，这样就不会因为变化破坏了平衡感而不知所措。

这些人的问题都在于**"不愿意给自己花钱"**，为什么给自己花钱会产生罪恶感呢？

"不能给自己买东西"受到这种想法困扰的案例

曾经我遇到过一个职业主妇 J，她对"不能给自己买东西"有执念，并深受困扰。

其实，因为 J 的袜子穿破洞了需要买新袜子时，她反复向丈夫和儿子确认："袜子还能穿呢，买新的是不是有些奢侈？还是不买了吧？"于是她的丈夫和儿子大概也觉得"不能再这样下去了"。于是，他们对 J 说："每个月 2 万日元，你可以随便花。"看起来问题像是解决了，谁知 J 反而更加烦恼了："我不知道怎样花这 2 万日元不算浪费，本来我就没有花这钱的权利。连 2 万日元怎么花我都决定不下来，我真是什么都干不了。"

其实 J 并非无所事事地让丈夫养活，她要做饭、打扫卫生，还帮丈夫打理一些公司的事务，等等，她的"工作"就是为家人提供支持。只要在家庭财力能接受的范围内，家人提出每个月拿出一定的钱供 J 随意使用，是完全没有问题的。

但是，**J 却认定"给自己花钱"是"不可饶恕"的，本来给自己花钱是一种能让自己觉得幸福的行为，但是按照她的思路，已经不认为这是一种幸福了。**

上班挣工资的人更需要注意，应该更宽容地看待花一些钱给自己来缓解压力这件事。

没有必要产生罪恶感。

"每个月吃一次奢侈一点的大餐""每周吃一次甜品""每个月只拿出 1 万日元打扮自己"，等等，只要不破坏自己的收支平衡，下点功夫奖励自己吧。

而那些反射性地否定并割舍这些念头的人，现在需要重新认真地思考应该怎样花钱。

能取悦自己的，只有你自己。

如果把自己逼上绝路，你就无处可逃了。这样想，你那么拼命努力不是很可怜吗？

特别是在日本，人们的思想倾向于清贫，习惯于过俭朴的生活，并以拼命攒钱为美德。

另外，考虑到将来需要用到的买房钱、子女的教育经费、父母的看护费等，这世上每个人都不得不为了钱而焦虑不安。

在社会中，如果为了将来抑制住自己现在的欲望，从而把自己束缚住，强迫自己过上束手束脚的生活，那么生活就会变得很痛苦。

凡事讲究过犹不及，服药过量等于服毒。任何人过度节俭都会感到痛苦、疲惫、悲伤，这是理所当然的。

如果无法摆脱这些想法，你会让自己的人生变得非常的辛苦。如果因此生病或是被卷入预料之外的纠纷之中，最终会产生更多的花费。

为了避免这种事情发生，也为了"抚慰自己的心灵"，在日常生活中请允许自己适度为了快乐花些钱。花钱让自己高兴，是对自己的一种投资，是人生中必要的经费。

POINT　为了快乐的花销，是人生中必要的经费。

习惯08 定期自我关怀

有些人不仅限于送自己礼物,就连让自己休息、呵护自己、珍视自己都会使其产生罪恶感。前面提到的 J 女士就是这种类型的人。

所以,我建议 J 女士在思考怎么使用 2 万日元之前,先给自己定好休息的时间:"哪怕一周安排两天不做日常家务了,让自己休息休息。你可以用休息的时间做点自己喜欢的事,如果遇到了想要的东西,到时候再花这 2 万日元吧。"

你是不是认为,让自己休息休息这种事不用别人说,谁都做得到?如果你能这样想,说明你是个很幸福的人,而且实际上没有充分地理解这句话的含义。在这世上,有太多人误以为休息就是在偷懒。休息和偷懒不同,休息是为了把一口气完不成的事坚持到最后而必须采取的行动之一。

工作上,厚生劳动省制定的劳动基准法对"休息"有严格的规定。比如,劳动基准法中明确记载,劳动时间在 6 小时以上、8 小时以下的情况下,劳动者有权利至少休息 45 分钟以上;若劳动时间在 8 小时以上,劳动者有权利至少休息 1 小时以上。

在"休息"过程中哪怕只工作了很短的时间,这部分时间也不算在"休息"以内。法律还规定了劳动时间的上限是每天 8 小时、每周 40 个小时。

为何要设定这些条件呢?因为事实证明,如果长期持续超过规定的劳动时间,过劳死的可能性将会非常大。但是,像做家务这种工作就很难判断劳动时间,基本上没有完全不做家务的时间,很难察觉到自己是在勉强承受。

人生很漫长,如果不适时适度地休息自然就会累倒。你的生活有没有劳逸结合呢?

"自我关怀"是生活中最高优先级

曾经，佛陀为了顿悟，一直坚持苦修。

但是，他坚持一段时间断食修行后，却完全没有开悟之感。佛陀为了清洗自己脏污不堪的身体，摇摇晃晃地朝附近的一条河流走去。大概是因为他的衣服破破烂烂，还非常瘦，有人把他当成了树。恰巧有个叫苏亚达的人正在附近表达对树神的感谢，他把佛陀当成了树神，供奉上牛奶、稀饭。我想佛陀应该也很郁闷。

如果我收了这碗稀饭，是不是就意味着承认多年来坚持苦行的自己是错误的？长期的苦行是不是就没用了？肯定会被其他僧人嘲笑自己放弃了苦行——思来想去之后，佛陀在此选择与"曾经被错误的想法禁锢的自己"诀别，喝下了牛奶、稀饭。当大脑因能量不足无法正常运转的时候，人就会心情抑郁，并且普遍缺乏判断力，容易做出错误的选择。苦行中的佛陀大概也是如此吧。

佛陀喝了牛奶、稀饭后，大脑吸收了能量开始运转，身体也恢复了。他身心健康、心平气和地坐在旁边的菩提树下顿悟道："人即便尝尽苦楚，也不会有所收获。"这便是佛教的原点。

就连过去的伟人都在说："不能太苦着自己，一味受苦的话什么也干不成。"对于现代社会的我们来说，对自己过分严苛只能收获疾病。如此想来，"自我关怀"应该是生活中的最高优先级。野生动物们都基本上以自己的生存为最优先的事，没有为其他东西活着的动物。

也会有像斑马一样的食草动物，为了群体牺牲其中一只，但这并不意味着它们心甘情愿地牺牲自己。由于斑马以整个群体的生存为优先级，它们的行动都是以自己的种族今后能生存下去为目的。

比如，趁着体弱的一匹斑马受到狮子袭击的时候，其他斑马就会迅速逃跑。这可能听起来有些残忍，但在大自然中，这是必备的生存之道。

在现代社会，人们近来总是强调"为别人而活"，认为这是件好事，其实这是非常不自然的。

POINT 首先为自己而活，而不是为别人而活。

习惯09　自我评价低的人应该具备的一个习惯

当别人夸奖自己的时候,你会有怎样的反应呢?自我评价低的人,当被人夸奖时总会否定对方。前面提到的不愿意给自己花钱、无法休息的J女士也是这样。

当我对她说:"听你刚才的话,你需要为各种事操心,我觉得你是个很好的人……"她马上否定:"没有啦,我完全不行。"不管我说什么,她都坚持认为"我不是一个值得被人夸奖的人"。

或许是她在谦虚,但从夸奖人的角度来看,她的这种反应会给人什么感觉呢?"好漂亮的衣服啊!""不不,一点儿也不漂亮。总觉得颜色有些奇怪,对不起让您勉强做出这番夸奖。""唉?不,没有什么勉强的……啊,总觉得我才应该道歉……"像这样否定夸奖人的意见，甚至会让人家认为自己的夸奖是不对的。

可能你在接受别人夸奖的时候不会这么夸张地回应。

但是看到这里的各位读者应该已经意识到，这样的否定，本来就是在对对方所说的话本身进行全盘否定。

对待患者，如果我判断有必要的话就会直言不讳地说出来。这种情况下，我就会说："唉，你这不是在否定夸奖你的人的心意吗？"大多数人听后都会感到惊讶："啊！夸奖我的人的心意？！"实际上这的确是在否定对方。

极端一点来看刚刚的例子，就好像在说："啊？漂亮的衣服？你能看出来漂亮真的好奇怪，这种东西也值得你赞赏吗？"这极力否定了对方的品位。

就算你在心底想的是："不是的，但对方并不是真心地夸奖这件衣服，因为他没有真心夸奖……"但是你又不是间谍，没有能力判断出对方的夸奖是否是真心的。

只有一个确实发生了的事实——"你被聊天对象夸奖了""你否定了聊天对象的意见"。

那么，面对夸奖我们应该怎样做才好呢？

无条件全盘接受对方的夸奖

要想解决这个问题,只有养成一个习惯。

无论对方是在逢场作戏,还是阿谀奉承,或者是发自内心的夸奖,只需要用一句**"谢谢,我很开心"**!全盘接受并表达感谢。

真相到底如何无所谓。只有发生了的事才是现实。总之,无条件地全盘接受对方的夸奖吧。

就算不是发自内心地接受也无妨,即使背地里会被人嘲笑"还真的当真了",也完全没关系。

我在前面说过,如果不是直接对你说的,那些非议和中伤就不会成为你的现实问题。有些人夸奖别人后就得意忘形地想把对方当笑柄,这样的人太过卑鄙。

无论这样卑鄙的人是在偷笑,或是做了些什么,**在你的现实世界里只发生过"被人夸奖"这件事。**

所以,我们只需笑嘻嘻地说一句"谢谢!我很开心"就好。

这样一来,即便对方撒了谎,也不得不认可自己的谎言。

就算对方说："骗你的，傻瓜。"那也仅仅是骗子撒了谎，没什么值得生气或伤心的。

或许你想说："可是，话虽如此，但那个人是我的同事，或者是无法切断联系的亲戚，或是孩子同学的妈妈，不可能和人家保持距离……"

但如果拖拖拉拉地不改变这种关系，你一边觉得痛苦，一边看着教你获得幸福的指南书，大概你这一生都只能变着样地痛苦了。

难得读到这里，前面我所说的你可以全都不做，**请试着对你讨厌的人视而不见，反正尝试一件事又不用花钱。**

"是否值得夸奖"取决于对方

说到底，在你被别人表扬的时候，你是如何评价自己的与对方没有任何关系。

事实上，"是否值得夸奖"应当由对方来判定。

因此，用"我这个人不值得被夸奖"来否定对方，对对方而言就是在多管闲事。

话说回来,"不值得夸奖的人"到底是怎样的存在呢?

以婴儿为例,出生后几个月的人生并不会成就任何的功绩,当然在社会中也不能工作,没什么用处。那么,夸奖他"真是个好孩子""是个优秀的孩子呢"就错了吗?因为有那个孩子的存在,让身边的人感受到喜悦。仅凭这一点,评价婴儿"应该受到夸奖"有错吗?

我们每个人都因各自的存在让其他人更加幸福。既然如此,我们在这世上毫无疑问地应该是"值得受到夸奖的存在"。

那么,为什么有些人能断言只有自己是不值得被夸奖的人呢?嘴上说着"我不值得被夸奖"的人,也会在不知不觉间否定很多人。

从拥有更多样的视角、接受一切开始如何?

POINT　嘴上说着"我不值得被夸奖"的人,会在不知不觉间否定很多人。

习惯 10　当被他人感谢时，立刻回应"托你的福！"

如果对方是真心实意的，受到表扬、让别人开心、被人感谢，会成为工作中最大的动力。对我来说也是一样的，初诊的时候还哭哭啼啼的患者到最后脸上能露出一点笑容了，如果别人对我说"多亏来找您看病了"，就会让我很开心。

只要让患者开心了一点，我就希望他们能更加开心一些，而且这也会成为我想要学习最新的治疗方法和药物治疗的动力。当然，其他任何一份工作都是一样的，受到表扬后，自己会很开心，然后继续努力，接着再受到表扬，如此一来，人生就会越发充实。

但是，如果最初不能用"**托你的福**"来坦诚地接住别人的夸奖，之后就不会出现良性的连锁反应了。

POINT 托你的福的循环

「托你的福！」——这样回应能产生良性的连锁反应。

212 KO! 再见，焦虑症！

习惯 11　尝试"扮演好人的游戏"

我们可以先考虑怎样做才能更简单地引发良性的连锁反应,然后再看一看能否有意识地启动这种连锁反应,这也是一种方法。

比如,工作中可以试着把"被表扬"当成一个目标。

如果是做事务类工作的朋友,请试着比平时更有礼貌地分发文件(放在桌子上时要整齐地摆放好,用手递给对方的时候一定试着说一句"辛苦了!"),如果在公司里和别人擦肩而过时,要比对方更快地行注目礼,做到这种程度就可以了。

如果难度太大,实践起来会很难,所以我认为应当从简单的目标开始,一点一点地逐渐提升难度。

"总觉得要是做过头了,可能会被人认为是在装好人。"由于这个原因退缩的人是直觉敏锐的人。

我建议大家在家里、公司或学校以不引人注意的程度，自然地把自己伪装成好人。这个伪装游戏最好做到不被他人发现。

也就是说，**即便你根本不喜欢自己的工作，也要尝试着"表演"或者"戴上面具"，表现得像一个发自内心享受工作的、阳光开朗的人。**这是一个生活诀窍。

说实话，很少有人能断言：无论发生什么、无论遭受怎样的对待我都能从心底热爱工作！

与其表露出内心的反感、不情不愿地工作，不如表面上开开心心的，办事乖巧机灵一些，哪怕是假装的也没关系。

响应迅速，就算对方做错了事，也能面带笑容地说一句"没关系的！"——请试着戴上这种角色的面具吧。

不用每天所有时间都这样做。

我在医院也稍微尝试过这种扮演游戏，结果被患者评价为"容易沟通的好医生"。

扮演好人的人和什么都不做的人，哪一种给别人的印象更好呢？应该是前者吧。既然如此，开心地扮演个"好人"怎么想都是上策。

如果能在不愿意做的工作中找到一种乐趣，每天的日子会过得更轻松。不要死板地认为现在做的工作"都是些让人不开心的事"，哪怕伪装也没问题，试着打造一个"快乐的自己"。如果这个方法真的能让我们每天都变得很快乐，怎么想都是值得的。

这种情况下不用一本正经。

那么，你会选择扮演怎样的角色呢？

POINT　试着表面上开开心心，办事乖巧机灵，哪怕是假装的也没关系。

习惯 12　在擅长夸奖别人之前，先学会接受夸奖

众所周知，为了改善人际关系，就必须擅长夸奖别人。在各种商务类书籍中也总是提到，上司和下属之间的沟通尤其需要夸奖，通过表扬促进其进步是很重要的。

但是，不擅长夸奖别人的人不在少数，很多人不知道应该夸什么好，也有相当多的人因强行夸奖而失败。

比如，如果上司对下属突然说出性骚扰的话语，比如"感觉你今天很可爱"等，就会让人恶心；而如果下属对上司采用高高在上式的表扬方式，比如："课长今天也来得很早啊，对工作如此热情，真了不起呢。"上司听后可能会生气地说："你也来早点。"

在与别人谈论严肃话题的时候，本来想夸赞对方"啊，你的睫毛可真长啊"，结果让对方不知作何回应……

书上总是写得很简单:"夸赞下属的优点吧!"但是"适度地表扬"是一种难度很大的行动。

明明这么复杂,为何这方面的商业书籍都只是简单地说"去表扬别人吧"。

受到怎样的夸奖自己更容易接受

前面也提到过,因为日本人没有习惯被别人夸奖,因此没有深入思考过夸奖到底是一种怎样的行为。

并且,既然不习惯被别人夸奖,脑袋里就不会有夸奖别人这根筋,如果勉强行事,有时候反而会激怒对方,让对方感觉受到了愚弄。

夸奖别人这种行为,对现在的日本人来说,难度比较大。

那么,怎样做才能成为擅长夸奖的人呢?**还是应该有意识地注意自己被表扬时会很开心的事。**

还要想一想听到怎样的夸奖自己会比较容易接受,同时继续接受别人的夸奖,这是成为一个"让别人更容易接受自己的夸奖的人"的捷径。

至今，有多少人曾经思考过这样的问题："对方希望得到我怎样的夸奖呢？""怎样的夸奖才能让人听得进去、不抵触呢？"

我想大多数人看到这里都会感到惊讶。

你想让别人夸奖你的工作成果，还是努力的过程，抑或是自己认为的优点？

如果别人夸了连你自己都没意识到的特点，会让你很开心吗？

请具体地想一想自己到底希望得到怎样的夸奖吧。

POINT 请具体地想一想希望别人怎样夸奖自己。

习惯 13　试着用让自己很开心的夸奖来夸奖别人

接下来，从明天开始我们就试着确认一下自己在什么时候、受到怎样的夸奖会让自己感到更"开心"吧。

首先，先夸奖自己吧。或许心里会有一些抵触，但只有你能实现自己理想中的夸奖。

不要那么害羞，好好地表扬自己吧。反正谁也看不到你的内心世界，所以就在大脑里不断地夸奖吧。

当你能轻松接受自己的夸奖，成为一个愿意接受夸奖的人以后，接下来就是应用的问题了。

如果你对自己的赞美感到满意，试着对别人也这样做吧。对方会很高兴，人际关系会变得更加和睦吗？"没错！"虽然我也想这样断言，但让每个人感到高兴的夸奖都不一样。即便你用让自己高兴的方式夸奖别人，也自然会有些人产生不了共鸣。

尽管如此也没关系，我们可以一点一点地确认对方的反应，同时使出浑身解数坚持适度的夸奖。当然，可能你的心中也会恼火："我想方设法地夸奖他，这家伙却不领情。"但是不要忘记，你的目的并不是夸奖对方，而是拟态行动，要让别人觉得你是个"好人"。

无论怎么想，比起"一个对身边的事牢骚满腹的人"来说，哪怕戴着谎言的面具，"一个总是夸奖我的人"也会让周围的人更容易接近，能拥有更多的机会让别人聆听你说话。

这样的机会越多，自己的愿望和意见就越容易得到认可，这是不可否认的事实。**我们赞美别人，也是为了让自己活得更容易、更轻松。**

采用这种方法，你应该首先让自己变得善于接受赞美。

POINT　赞美别人，也是为了让自己活得更容易、更轻松。

习惯 14　与最亲近的人互看"面具下的真实面孔"

本书讲述的是为了缓解生存压力、使人与人之间的关系更加和睦，人生中需要采用"拟态"这种思维方式，包括**"不要完全暴露自己的真心，适时地戴上面具面对对方""戴上让自己能轻松活在当下的面具"**。

其实，人在日常社会生活中，为了避免纠纷，会下意识地采用这种方法。即便是父母与子女、夫妻这种关系有时也无法真心相待，自然需要戴上面具避免冲突。可是，在夫妻、亲子这种亲近的关系中，如果只有自己一个人一直保持拟态，说实话会有些辛苦。所以，人有时难免会心生怨怼，比如"我都这样戴上面具面对他了，他却不领情""不懂我的苦心"。

但是别忘了，对方也戴着面具。在父母与子女的关系中，孩子也是戴着面具对你。例如，孩子心里可能在想"我想去玩，但我必须告诉她我要努力学习"或是"这太难了，我想停止一切，但是我不能告诉他们"。

如果你因为你的孩子明明努力能做到某事，却偷了懒而感到愤怒，那么你有可能是因为看到了孩子的面具才会这样。因为你发现自己的孩子的真实面孔并不是"朝着梦想努力的孩子"，实际上是个"遇事容易放弃的废柴"……

即便是这样，你对面具下的真实面孔感到愤怒就能让孩子变得努力了吗？你的愤怒会让事态朝着你期望的方向发展吗？

要想过上轻松、幸福的生活，就必须承认并接受他人的能力不足。

如果你也能意识到别人已经承认并接受了你的缺点和不足，并且你们都能笑着对彼此说——"算了，没关系"，我想这就是通往幸福生活的捷径。

夫妻关系中"面具"和"真实面孔"差距明显

在夫妻关系中,"面具"和"真实面孔"之间的差距比亲子关系更加明显。

夫妻双方在婚前交往的时候,为了迎合对方的喜好都拼命努力戴着"面具"。特别是在相亲活动中相遇后开始交往的两个人,他们并不了解彼此的日常状态。为了避免让对方看到自己不好的一面,从一开始就戴着面具,有不少人甚至会一直戴着面具直至生命终点。

但是,一旦婚后开始同居,不知为何人就会撕掉自己的面具。我们经常会听到这样的台词:"住在一起之后,你突然变得大男子主义了。""结婚前你不是说自己喜欢做饭吗,结果实际上并不喜欢,总买一些半成品。""结婚前你那么喜欢赞美我,现在却总是牢骚满腹……"

有一些夫妻会因此选择离婚,还有很多人烦恼过度,发展成了抑郁,不得不到精神科治疗。这样的心情我可以理解,从某种程度上看,**如果不能接受对方面具下的真实面孔,就无法长期在一起生活。**

说得极端一点，如果你每次都因为"妻子放屁了"，而生气地大叫"我被骗了"，那也无济于事。因为只要活着，人就会打嗝放屁。

话虽如此，两个人在一起难免会有厌倦的时候。

用其他感情取代简单的愤怒情绪，把愤怒值清零——双方能否具备这种观点，很大程度上决定了夫妻生活是否幸福。

"不好意思……我、我刚刚放屁……""没事、没事，我也会放屁的，哈哈哈。"能这样交谈的夫妻一定是幸福的。

夫妻基本上是由两个陌生人组成的家庭，如果双方做不到互相关爱、互相尊重，这种组合很快就会分崩离析。重要的是，以后有可能会让人后悔莫及。或许这样说会有些夸张，夫妻二人每天都应该具备"夫妻就是这种岌岌可危的关系"的觉悟，努力使夫妻这种组合不被瓦解。

POINT　要想过上轻松、幸福的生活，就必须承认并接受他人的能力不足。

习惯 15　养成戴上微笑的"面具"说一句"早上好""路上小心"的习惯

让我告诉你,我为何会对夫妻关系有如此多的感慨。你是否意识到,在家人早上出门后,完全无法保证能够平安归来?我想大部分人都没有这种觉悟。我在临床现场见到过各种家人的离别。

- 父子之间因为一些琐事发生了争执,当天夜里父亲在玄关突发脑溢血倒地,家人还没发现就去世了,为此儿子一直后悔不已。
- 早上妻子因为扔垃圾的问题一直责怪丈夫,结果之后因交通事故二人天人永隔。
- 公司组织去海外旅行期间,妻子在洗澡过程中心脏病发作去世了。

我听到过很多因为这种事情一直后悔不已的故事。请相信,在这个世界的某个地方,的确存在一些人为了自己没能在那一天对对方好一点而后悔不已。

因此,**即使前一晚吵架了,第二天早上也要带着笑容说一声"早上好",微笑着说出"路上小心"把对方送出门。**仅仅在这一点上,我希望大家能戴上"面具"。只要能做到这点,夫妻关系就能够维持下去。无须勉强,即便戴上最低限度的"面具",沟通也会变得顺畅。

比方说,就算有时一早见不到面就出门了,也要养成习惯,提前把"我走了"写在便笺纸上。这就算只是留纸条本人的自我满足,也能让自己心情愉悦地开始工作。这是非常简单的、获得幸福的处方之一。在公司也是一样的,尽可能地下点功夫让自己能在更多场合面带微笑,没有什么事比这更重要了。

不过,这些内容仅适用于家人或夫妻双方都希望维护彼此关系的情况。如果无论你多么想接近对方,都会被无视、被嘲笑、被轻蔑对待,那么你就需要重新审视这段关系了，特别是有血缘关系的情况更是如此，因为血缘是无法切断的。

POINT

即便戴上最低限度的「面具」，沟通也会变得顺畅。

— 前一晚 —

— 早上 —

早上好

尴尬

— 出门时 —

路上小心

第4章 | 让生活更加轻松的心理习惯　227

习惯 16 不要仅凭自己的热心肠和正义感,就踏入对方内心柔软的部分

首先我们应该明白,家庭问题中有一些领域外人不能参与,也不应该参与。

有些家庭出现问题的人,如果被不了解详情的外人说三道四,他们会很生气。如果你作为外人对别人的家庭关系指手画脚的话,会被人说你在多管闲事,所以现在就应该收手。

比如,假设有人的亲子关系或兄弟关系出现了各种问题,面临决裂。请一定不要妄想能撮合别人,说什么"都是一家人,只要见面好好聊聊就能相互理解"之类的话(如果是自己被迫选择与亲戚断绝关系的人,我想可能会认同这个建议)。

撮合别人的提议，当然是你站在自己的角度上在为对方着想。在你的想象中，父子或兄弟含泪再次相见，事情就此解决，真是可喜可贺……但实际上，若按照提议行动，你的想象基本上无法实现。

不仅如此，搞不好还会被对方埋怨自作主张，反而影响了你和对方的关系，甚至有可能就此绝交。这就是问题的严重性。

大多数情况下，能拥有"只要家人好好谈谈就能消除误解，大家都会幸福"这种想法的人，家庭大多比较幸福。对于与家人维系着良好关系的人来说，无法理解家人之间能互相憎恶。

我在前面也曾提到过，人为了能在社会上成功立足，需要戴着各种面具与别人交往。这世上没有人会把自己发生的事全告诉别人。如果你说："那个人说过会把他的所有事都告诉我。"这说明你是个很值得信赖的人，也可以说你过于相信别人。

其中，也有些人受到过残忍的虐待（经济上、精神上、性方面等），有些人即使没有被认定为被虐待，也有着不希望被他人轻易触及的痛苦。如果对这些人说——

"我理解你的心情",只能进一步揭开他们的伤口。这绝对不是用轻描淡写的一句话就能轻松解决的问题。

不被他人干涉的权利,不干涉别人的关心

嘴上说着"我没什么恶意,这么做都是为了你好"的人,其实是最坏的人。

打着为别人好的旗号做事的人,首先应该想一想自己的行为会不会给对方造成伤害。如果你希望远离自己的父母、兄弟或者亲戚,拒绝别人想让你们见面的提议没有任何问题。请拿出勇气来堂堂正正地拒绝对方,并与对方断绝关系。

即便是无法完全绝交的关系,尽可能地保持距离是非常正确的行为,不必产生罪恶感。

如果你是那个打着为别人好的旗号采取上述行动的人,那么请你现在马上停止行动。或许什么都不做会让你产生愧疚感,但在对方表达希望得到你的帮助之前,请绝对不要做任何事。这才是真正地为对方着想。

人在接受别人帮助的时候,也需要做心理准备。

在对方未做好心理准备之前，仅凭着自己的正义感就随意踏入对方内心柔软、敏感的地方，这种行为会伤害对方。

对那些有家庭问题的人和那些试图善意插手的人，我现在只能说："总之，我希望你们了解彼此的情况。"

双方在他们各自的人生中，都长期坚信"自己所认为的就是世界的常识"。

一般情况下，大家都觉得甩开别人伸过来的援助之手是不对的，而关心地询问"没事吧"，认为伸手援助的行为是友善的。

但是，这个世界并不是非黑即白的。如果世界如此简单，你就不会拿起这本书了。

在你悲伤流泪的日子里，仅凭一句简单的话、一个简单的行动是解决不了问题的，所以你才会一直苦苦挣扎吧？

正因如此，我才希望通过这本书让大家"了解"不让别人插手自己事的权利以及不多管别人闲事的关心。

POINT　在对方表达希望得到你的帮助之前，什么都不要做。

习惯 17　不要以你的常识来看世界

有一百个人就会有一百种思维方式，并不是每个人在生活中都想着为他人着想、希望被人感谢、想要温柔待人。

这世上有些人邪恶得超乎你的想象。有些人很傲慢，以自己为中心，喜欢嘲笑别人，还有不少人认为被骗的人有错，既然骗人能简单地挣到钱，哪怕违反法律、欺骗别人也满不在乎。

如果你的想法是"之所以我会被欺负，是因为惹对方生气了，是我的错""被人欺负我也有不好的地方，所以我需要改正"，那么无论你做什么，所处的环境都不会变化，这在某种意义上是"理所当然"的。明明对方和你的"常识"完全不同，你却坚信这世界是按照自己的常识运转的，并以这种常识看待世界，那么你的关心会被践踏也就不足为奇了。

POINT

这世上有些人满不在乎地想要欺骗别人。

请了解对方和自己的价值观不同。

在这世上被人骗的人才有错！

俺的常识

那家伙正在发呆看起来很好骗！！

不错，看起来值得信赖 要不就拜托他好了～

我的常识

飘飘忽忽～

第4章 | 让生活更加轻松的心理习惯　233

习惯 18　不要再说"如果没有那个人就好了"

我们经常会想"如果没有那个人就好了"。比如，公司没有采用自己的提案，而是采用了同事的；自己在社团中喜欢的前辈与自己的同学交往并结婚了；抽奖的时候自己前面的人抽中了一等奖；明明和自己的孩子成绩差不多，妈妈友[①]的孩子却被好学校录取了。

这些时刻，有的人就会想："如果没有那个人就好了。"

但是请你认清一个现实，就算作为比较对象的"那个人"不存在，机会也未必就会落到你头上。

◎ 就算没有同事在，只要正确地制定战略，下次的

---

① 妈妈友：指年幼孩子的母亲间的交友形式。

会议或许就能采用我的提案。
◎ 就算同学不出现在喜欢的社团前辈眼前，前辈本来就根本没注意到你，更别提结婚了。
◎ 未来还有机会遇到比前辈更优秀的男性，别说抽奖了，没准儿还能中个高额彩票。

不为实现未来的"美好"而努力，只是觉得自己在现状上"输给"别人，一味地关注这些"失败"会让自己变得痛苦。

如此一来，你就永远无法摆脱痛苦的生活。

如果把自己痛苦的原因归结于他人，就会永远身陷无底的沼泽之中。"幸"字和"辛"字从构造上看只有一横的差别，在实际生活中也是如此，仅仅因为接受方式的不同，"幸福"也会很容易就变成"痛苦"，反之"痛苦"变为"幸福"也意想不到地简单。

尽管如此，自己固执的价值观就连"稍微改变一下对事物的看法"都拒绝，那么你很难乐观地看待事物。

我们在人生中经历的很多"胜利"与"失败"都只不过是在大脑里和自己创造的幻影打架而已。

请冷静地想一想，决定胜负的是谁呢？是我们自己吧？

让我们快点抛开这些幻影吧。

POINT

人生中的「胜利」与「失败」的想法都是自己创造的幻影。

习惯 19　人生中最关键的事——了解你自己

作为精神科医生，经常遇到有着深刻家庭利益冲突的人。

其中被称为"被压榨的孩子"的案例，就存在着很严重的问题。可能你没听过这个词，**"被压榨的孩子"**的意思就是"为了压榨才生的孩子"。

比如，假设一对夫妻的第一个孩子是个残疾人。父母必须无时无刻待在孩子身边，从上厕所到吃饭都面临着很多困难。

于是，比较常见的情况就是再生一个孩子。

这通常是三个原因导致的。第一，没有任何考虑就怀孕。第二，父母想用健全的孩子取代残疾孩子。第三，为了自己死后有人能照顾残疾孩子，所以再生一个孩子。

这三个情况各有各的问题，而"被压榨的孩子"就是第三种情况。

在这种情况下出生的孩子，人生轨道已经完全被人决定好，这些人的人生自然会面临很大的困扰。

因为自己与朋友的生活不同，所以在"必须这样做"的常识方面会与身边人有很大的偏差，他们的内心经常会发出悲鸣。

一天，K因"失眠症"初次找我问诊。

"因为有个身体残疾的姐姐，每个月不得不筹措10万日元补贴家用，最近每天夜里都睡不着觉，早上也起不来。"她边说边扑簌簌地流泪。

睡不好，公司也要请假，打工也去不了，还得不断地拿出10万日元，相当于八成收入补贴家用，结果还不够，她就动用存款，最终坚持不下去才来医院找到我说："好歹请能让我睡觉。"

我在详细询问后发现，她的父母并没说"一定要给家里10万日元"。于是，我建议她先辞掉工作，在身心恢复健康之前，先不要给家里钱了。但是K依然哭诉道："那我就没有活着的意义了。"

但是，显然，以她的状态即便服用药物能睡着了也无法恢复。K 从内心就认为："我是为了残疾的姐姐才出生在这世上的，父母去世后我应该一个人照顾姐姐，如果不这样做我就没有生存的价值了。"但是，现在她的烦恼在于自己已经无法维持这种"生存价值"，可是如果自己死了就更没用了。一个人本来应该为了度过自己的人生而存在，K 的这种"生存价值"的设定真的无可救药了。

如果她在这种情况下能下定决心"我要为自己的人生而活"，并拥有冲出家庭束缚的力量就好了。可是 K 总是被教导"你应该为姐姐而活"，她自己存在的意义已经变成了"赡养姐姐"，所以，在她的大脑里已经不存在"为自己而活"的想法了。

其实，之所以她会身心崩溃，也是因为没能承担起这份责任。

在这个案例里，你会认为错的还是这个 K 吗？

过去已无法改变，现在也很难改变，
但未来却能改变

我认为任何事都需要"原谅自己"。 根据 K 的这种情况，只能让她休息一下，可以把责任推给精神科医生。我让她告诉家人："现在精神科医生不让我工作了，所以没办法再帮助姐姐了。"然后在这段时间稍微休息一下，好好想想自己的人生。

她并不会停止帮姐姐做些什么，但如果生存的大部分意义都是为了姐姐，如果姐姐遭遇什么不测去世，之后她很可能会变成一个迷路的孩子，甚至连怎么生存下去都不知道。

所以，**一个人的人生还是应该以自己为主角，我们必须允许自己把自己放在第一位。**

如果 K 能意识到"应该把自己的人生放在第一位"的话，在此基础上，在合理的范围内再去思考自己能为姐姐做些什么，要是她能这样改变自己就好了。

人无法改变过去，也很难改变现在，但是却可以改变未来。

不仅限于精神科医生，其实很多情况下，仅仅是因为某个人无意间的一句话，思维方式的核心就会发生巨变。

只是，我们不要把改变看作坏事而选择拒绝，而是要接纳改变，请允许自己向着更好的方向发展。

如果一个人能把医生当作改变自己未来的"挡箭牌"，心情能由此变得轻松舒畅，作为医生的我是喜闻乐见的。而且，本书也是为了让大家方便找这些借口才写出来的。

所以，**请鼓起勇气从只能看到痛苦未来的诅咒中走出来。**

珍惜自己，你可以找借口说"因为医生说了'请休息''请远离麻烦事'"，然后允许自己暂时休息。

我希望大家首先明白一件事：**最终，你的人生中最重要的还是你自己。**

> POINT　为了让艰难的人生变得更轻松愉悦，必须做到"放过自己"。

终 篇

你的人生根本不存在胜负

我想大致读过这本书的朋友应该已经懂得：**你的人生其实根本不存在胜负的概念。**

只是你按照自己的规则随意制定了"胜"与"负"，一个人为了没有赢过的事情高兴，为了没有输过的事情羡慕甚至忌妒，在焦虑不安中度过每一天。

要知道，**你可以从自己决定胜负的世界中挣脱出来，鼓起勇气从那样的舞台上迅速撤离。**

请你明白，没有人会按照你决定的成败标准来生活。

自己内心中产生的"为输了而不甘心"的情绪，你只是在扼杀自己，"假装"在思考问题。

我想，你已经充分理解了这些全都是在浪费时间。

说到底，你判断胜负的对象是什么样的人呢？

连这些都是你自己的假设，你是不是会因为自己的臆想而忽喜忽悲呢。

把自己随意捏造出来的"他人的价值（感情）"当作对手来玩独角戏，让自己的心情忽上忽下，真是愚蠢。

让我们赶快放弃与这种虚构的痛苦战斗，充满自豪地过好自己未来的生活。

从今天开始，从现在开始。

请为自己而活，而不是为别人。

为此，先了解自己、认可自己、赞美自己、放过自己吧。

这是让你的人生回到起跑线的必备心态。

我从心底相信：没关系，你一定会成功。